犬と猫の
毒物ガイド

［監訳］久和　茂　東京大学
［ 訳 ］森川　玲　獣医師

学窓社

学窓社のBSAVAマニュアルシリーズ

- 爬虫類マニュアル《第二版》
- オウムインコ類マニュアル《第二版》
- 小動物の眼科学マニュアル《第三版》
- 犬と猫の超音波診断マニュアル CD付
- 小動物の処方集《第七版》
- 犬と猫におけるリハビリテーション，支持療法および緩和療法 ― 疾病管理に関する症例検討 ―
- 小動物の繁殖と新生子マニュアル《第二版》
- 犬と猫の腹部外科マニュアル
- 犬と猫の腹部画像診断マニュアル
- 犬と猫の整形外科マニュアル
- 犬と猫の整形外科画像診断マニュアル
- 犬と猫の頭・頸・胸部の外科マニュアル
- ウサギの内科と外科マニュアル《第二版》
- 観賞魚マニュアル《第二版》
- 犬と猫の行動学マニュアル ― 問題行動の診断と治療 ―
- エキゾチックペットマニュアル《第四版》
- 小動物の皮膚病マニュアル《第二版》
- 小動物の臨床病理マニュアル
- 猛禽類，ハト，水鳥マニュアル
- 小動物画像診断マニュアル
- 犬と猫の行動学 ― 問題行動の理論と実際 ―
- 小動物の内分泌マニュアル

BSAVA/VPIS Guide to Common Canine and Feline Poisons

Published by:
British Small Animal Veterinary Association,
Woodrow House, 1 Telford Way,
Waterwells Business Park, Quedgeley,
Gloucester GL2 2AB

A Company Limited by Guarantee in England
Registered Company No. 2837793
Registered as a Charity

First published 2012
Reprinted 2014 with revisions and an extended index
Reprinted 2016 with revisions
Reprinted 2017 with revisions

Please direct all publishing enquiries to BSAVA.

A catalogue record for this book is available from the British Library.

ISBN 978-1-905319-45-9

Printed by Cambrian Printers, Aberystwyth, UK
Printed on ECF paper made from sustainable forests

4463PUBS17

このガイドについて

本書は，犬と猫の中毒に関する情報を，一般的に遭遇する毒物ごとに簡潔に要約したものである．

本書は，獣医学専門家が，中毒の疑いがあるペットの飼い主に対し，適切な指導を行うことができるように作られたものである．

目　次

監訳のことば vi
謝　辞 viii
序　文 ix
概　要 x
このガイドの使い方 xii

毒物のリスト（50音順）

■ **犬の毒物** 1
■ **猫の毒物** 136

付　録

■ （現）病歴のチェックリスト 182
■ 除　染 185
■ 症例提出フォーム 189
■ VPISについて 192

索　引 194

監訳のことば

　私たち人間の生活空間には様々な種類の化学物質が存在する．病気になった時に飲む薬，洗剤などの家庭用品，殺虫剤や除草剤などもある．現在ではペットの室内飼育が増え，犬や猫などの伴侶動物の生活領域は飼い主である人間とほとんどオーバーラップしている．したがって，犬や猫などの伴侶動物からみても，その生活空間には多様な化学物質が存在していることになる．

　人間が人工的に作った化学物質は健康に悪いが，自然界に存在する物質は健康に悪影響を与えることは少ないと思っている人がいる．まったくの勘違いである．自然界にも毒のあるものはたくさんあり，毒キノコは典型的な例である．植物の中にも毒性のあるものは多く，スイセン，ジャガイモ(あのジャガイモである！)などが挙げられる．一部のヘビやヒキガエルなど，毒を持った動物もいる．

　大人がそれらの化学物質を誤って口にすることは通常あまりないが，犬や猫などの動物はそれらの化学物質を舐めたり，食べたりすることがある．それが毒性の強い化学物質だった場合には「中毒」となり，いろいろな症状が現れる．

　人間に対する毒性は低いが，犬や猫にとっては毒物となる物質がいくつかある．これは種差とよばれている現象であるが，ネギ，チョコレート，ブドウの実などが知られている．獣医師はよく知っていることであるが，犬や猫を飼ったことがない人はあまり知らないかもしれない．

　本書は前付にも記されているが，英国小動物獣医師会(BSAVA)と獣医毒物情報サービス(VPIS)の共同作業によって作られた犬と猫の中毒に関するガイドブックである．主な読者対象は一般の開業獣医師であると思われるが，愛犬家や愛猫家にとっても有用な情報が分かりやすく記載されていると思う．

　私は大学で毒性学を教えているが，初回の授業では学生らが興味を持ってくれるような話を中心に講義を進める．その中には歴史も含まれるが，毒性学の歴史といえば，パラケルススの話が当然のように出てくる．パラケルススは「生化学の祖」，「医学界のルター」などの称号を持つ人物であるが，「毒性学の父」という称号もいただいている．15世紀から16世紀にかけてヨーロッパで活躍した人である．パラケルススは本名ではなく，ローマ時代の偉大な医師A. ケルススに匹敵するという意味で名乗ったものだとの言い伝えがある．いろいろ曰くのありそうな人物であるが，毒物に対する彼の名言が残っている．すなわち，「すべての物質は毒物である．毒物でないものはない．正しい用量のみが毒物と薬物を分ける．」である．毒物と薬物はまったく別物と考えがちだが，彼の言葉はまさに毒というものの性質を言い当てている．例えば，食塩(塩化ナトリウム)は調味料として世界中でよく使われているが，摂取しすぎると中毒となり，死に至ることもある．逆に夏場の暑い時期には発汗により塩分が失われるので，塩分を摂取することが勧められる．食塩の話は人間だけでなく，動物にも当てはまる．このようにすべての物資は潜在的な毒物であると考えると，私たちは毒物に囲まれて生活していることになる．そのように考えると気が滅入ってしまうが，実際は物質によって毒性の強弱があるので，それほど気にしなくてもよいかもしれない．

いずれにしても，本書は犬と猫に関する膨大な中毒事例に関する網羅的なデータベースから重要な情報を抽出したものであり，物質ごとに物質の解説や由来，毒性発現機序，臨床症状，治療法および予後などが分かりやすく示されている．また，各物質の警戒度を信号機システム(赤，黄，緑)で示している．当然，赤が危険なものを表し，黄色は注意すべきもので，緑はほとんど危険がないものを示す．一目で判断するにはよい指標である．本書が図らずも中毒となった犬や猫の獣医療に少しでも役に立てば幸いである．

最後に，本書の翻訳，編集などの作業をしていただいた学窓社の森川玲さんに感謝する．

久和　茂

謝　辞

本書と，それに付随したBSAVA/VPIS Poisons Triage Toolウェブサイトの開発は，Veterinary Poisons Information Service(VPIS)とBritish Small Animal Veterinary Association(BSAVA)との共同作業によるものである．

執筆に協力してくれた，私の同僚であるKaren Sturgeon氏，Leonard Hawkins氏とNick Sutton氏には深く感謝したい．そして，執筆，編集作業，そしてVPISの立場から企画運営を行ってくれたNicola Bates氏にはとりわけ感謝の意を表する．

Sophie Adamantos氏とAmanda Boag氏は，臨床の専門知識を提供し，内容の確認および編集作業を行ってくれた．マーケティングに関する意見を提供してくれたLisa Archer氏，植物の写真を提供してくれたElizabeth Dauncey氏にも感謝する．

最後になるが，この仕事に喜んで取り組んでくれたBSAVAの出版チームとIT開発チームの尽力についても述べておきたい．この冒険的事業は彼らなしでは成功しなかっただろう．

Alexander Campbell
Head of Service VPIS(1992〜2012)

本ガイドの文章の更新、および内容の正確性を確保する機会を与えてもらい，大変嬉しく思う．本書を改訂するのは2回目だが，この取り組みを今後も続けていくことは極めて重要だと考える．なぜなら症例の経験や出版物などから新たな情報が手に入るようになれば，我々の提供する情報や提案も変化しうるからだ．本改訂にあたり協力してくれたNicola Bates氏とTiffany Blackett氏に心から感謝する．

Nicola Robinson BSc MA VetMB MRCVS
VPIS Operations Manager

序 文

この新しいガイドブックの発刊により，我々の小動物の中毒に対する理解は大幅に深まることだろう．中毒に関する知識の発展は，Veterinary Poisons Information Service（VPIS）に所属するAlex Campbell氏および彼のチームの驚嘆すべき働きによるところが大きい．VPISは，当初Guy's and St Thomas' NHS Foundation Trustにより創設・支援を受け，Medical Toxicology and Information Services Ltd（MTIS）の一部門として2011年10月より始動した組織である．また，我々は，この情報サービスに賛同し，VPISへの情報提供フォームを投稿してくれた何千人もの獣医師にも大いに感謝したい．これらの情報提供がなければ我々はこの事業を成し遂げることはできなかっただろう．VPISは，Alex氏のこの分野における広範な知識と，中毒に陥ったペットの治療を改善したいという彼の熱意によって成り立っている．深く感謝する．

「犬と猫の毒物ガイド」は，トリアージの手助けになるように企画されている．本書に含まれる情報はVPISによって何年もかけて作り上げられたデータシートから収集されたものである．これらの情報は，獣医師および動物看護士に，今までになかった新しい方法として活用していただけると思う．読者には，ぜひネット上のBSAVA Poisons Triage Toolと併せて本書を使ってほしい．オンラインのTriage Toolは新規の治療法や新しく見つかった毒物について追加の情報を提供し，一方で書籍では情報を手に取りやすい形で扱うことができるため，利用者にとって価値ある存在になると信じている．

VPISとの関係がこれからも続き，この重要な分野における研究を今後とも支援していければ幸いである．

Andrew Ash BVetMed CertSAM MBA MRCVS
BSAVA President 2011-2012

概 要

本書は，犬と猫の中毒に関連する情報を，一般的に遭遇する毒物ごとに簡潔に要約したものである．それぞれの物質について，毒性学，臨床症状，適切な初期治療およびその後の管理，予後についての情報が記載されている．このため，獣医学専門家は，中毒の疑いがあるペットの飼い主に対し，適切な指導を行うことができるだろう．重要度と緊急性については信号機を用いて示す（「**このガイドの使い方**」の xiv ページを参照）．

本書は、症例を管理するにあたり**包括的な助言を与えるために書かれたものではない．**症例の経過には多様な因子が影響を与え，推奨される管理方法も変化しうる（服用量，暴露の経路，暴露後の時間経過，暴露時間，既往歴，動物の品種あるいは種，環境，場所，など）．

このため，中毒症例を管理する上で，本書の記述を唯一の情報源として治療の参考にすべきではない．

本書で取り上げる毒物は，VPIS に対する問い合わせと，症例の予後（既知の場合）を参照して選んだ．

- 毒性が低いかほとんどないような物質で，VPIS が多くの問い合わせを受けているもの，獣医師の診察が必要ではない可能性があるようなものも内容に盛り込んでいる．
- その他の物質は，過去の暴露例の発生数に応じて，あるいは予後がさまざまに変化するものなどを組み込んだ．
- 暴露例はまれだが毒性が強い物質や，迅速で複雑ないし積極的な治療が必要な物質，予後が慎重な物質も，数は少ないが含まれている．これらのカテゴリーの物質については，獣医毒性情報サービス（VPIS）の参照が強く推奨される．

参考文献として役立つ図書目録（症例報告や症例シリーズを含む），本書に記載されている物質の毒性作用などの情報は，VPIS のウェブサイトで入手できる（www.vpisglobal.com）．

本書の巻末に，中毒が疑われる症例に関する情報を獣医療スタッフが収集するのに役立つ，簡単なチェックリストが掲載されている．このチェックリストはBSAVA/VPIS Poisons Triage ToolあるいはVPISウェブサイトを通じてオンライン上でも入手可能である．個々の症例に対して行った指導が適確であったか確認するのに役立つだろう．このチェックリストはまた，症例のフォローアップのための質問用紙として利用できるし，あるいは症例の情報提供フォームとしても用いることができる．

VPISは，イギリスの獣医学法を遵守しつつ，各個人のメリットと照らし合わせた上で，それぞれの，そして全ての症例に具体的な助言を与えるために存在している．本書に記載されている情報は，VPISによりこれらの事項の考慮を済ませたものである．

本書の情報が正確で最新になるよう全力を尽くしている．ネット上の情報が，あらゆる関連出版物やVPISの症例，分類学的な改訂などに従って更新され，変化しうることをご承知いただきたい．BSAVA会員はネット上のBSAVA/VPIS Poisons Triage Toolに **www.bsava.com** からアクセスし，これらの更新や追加の情報を確認することが推奨される．BSAVAへの参加に関しては，**www.bsava.com** のMembershipのページを参照してほしい．

VPISは過去の紹介症例に関する膨大な内部データベースを構築するため，(相談を受けたケースでなくとも)常に中毒症例に関する情報提供を切望している．我々が特に関心を持っているのは，複雑で，重篤でまれな症例，あるいは毒性に関する情報が少ない場合である．動物が無症状だとしても，それもまた有用な情報である．中毒症例の情報をVPISに提供する場合は **www.vpisglobal.com** にアクセスしてほしい．一部の症例については，VPISから郵送で質問用紙を送り，行った治療，臨床経過および予後に関して追跡調査を行っている．

この情報資源は，BSAVAとVPISの刺激的な共同事業の成果である．我々は本書が価値ある情報資源となることを心から願っている．また，読者からの意見や提案は喜んで受け入れたい．

このガイドの使い方

毒物に関する記載は，犬(見出しが青いページ)と猫(見出しが藤色のページ)に分かれている．一つの動物種に関するデータが，常に他の動物種に当てはめられるわけではないことに注意してほしい．動物は，さまざまな毒物に対して本当にさまざまな反応を示すものである．

毒物は動物種ごとに50音順に並んでいる．医薬品は一般名を使用し，商品名は含まれていないことに注意してほしい．植物と動物は，一般名と学名の両方を用いている．別名から毒物を探したい場合は索引を活用してほしい．

別名

- この項目には，植物の一般名などの別名を記載する(例えば，ラッパスイセンは*Narcissus*属の一般名である)．
- ある成分の見出しが毒物集団全体を指している場合(例えば，抗凝血性殺鼠剤)は，個々の化合物のリストを示し，記述内容が理解しやすくなるように配慮した．
- 商品名などは，本書では使用されていない．特定の製品の成分を特定したい場合は，製品のパッケージを見るか，VPISに問い合わせてほしい．VPISは市販品の成分に関する豊富な情報を有している．
- 別名も索引に含まれている．

解説/由来

- この項目には，物質についての解説と，その物質の由来について記述されている．薬物，殺虫剤，家庭用化学品の場合には，その物質の使用目的，どのように提供ないし包装されているか，物質の濃度に関する情報が示されている．
- 植物の場合は，その植物の外観に関する簡単な記述，季節によってどのように見た目が変化するか，個々の品種についてのコメント(該当する場合)を含む．

毒性学

この項目では物質がどのように，またなぜ毒性を示すと考えられているかを記述する(既知の場合)．毒性の効果や程度についても一部記載する．

危険因子

- 一部の品種では，その他の品種よりもある種の毒物に対する感受性が高いことが知られている．
- 一部の症例では，特定の，あるいは類似の毒物への過去の暴露によりリスクが増大することがある．
- 基礎疾患の存在(例えば，腎機能障害)もまた，ある種の物質に対する反応に影響する．危険因子に該当する動物が毒物の暴露を受けた場合は，早急にVPISに相談すべきである．

臨床症状

- **発症**：臨床症状が現れるまでにかかる時間の大まかな目安．緊急に獣医師に紹介すべきなのか，無症状の動物が治療を必要とするのかどうかを判断するのに役立つだろう．
- **代表的な症状**：ある中毒について，最も頻繁に報告されているか，文献に記述されている，あるいは特徴的な臨床症状を羅列する．これらは通常，(用量にも依存するが)大まかな重症度の順に記載されている．
- **その他の症状**：比較的頻度が低い徴候や，非常に重篤な症例のみで観察される症状

治療

いずれの症例の管理においても，この項目を網羅的な手引きとして用いようとしてはならない．なぜなら実際の症例は数多くの要因に左右されるからである．中毒症例の管理にあたり，本書を治療の参考とする唯一の情報源として使用すべきではない．VPISへの問い合わせに関する詳細は193ページに記載されている．

- この項目に，除染の適応について記述されている．除染の方法に関する詳細は，巻末の「**除染**」の項目を参照すること．
- 必要な治療法についての概略が記載されている．
- 特異的な解毒療法が必要な場合のために，その投薬量に関する情報を記載している．

予後

- 問題となっている物質の，中毒症例で考えられる予後について記載されている．予後は毒物の用量や現病歴，来院までの早さ，介入した獣医師の診療レベルに大きく依存する．
- **予後が慎重ないし不良である場合，最も望ましい転帰が得られるよう全力を尽くすべきである．**
- **そうせざるを得ない場合を除いて，決して諦めてはならない！**
- **VPISは，中毒症例の動物の管理について常に助言を与える用意があり，必要であれば，獣医緊急救命治療の専門家がオンコールで待機している．**

警戒区分

各物質や物質の種類に基づく警戒度を分類するために「信号機」システムを導入した．これは迅速な対応が必要な症例を前にした際に，使いやすく目で見て分かる警戒区分を表す指標として役立つだろう．

- ある特定の種が，問題となっている物質に暴露されると，深刻で命を脅かすような臨床症状を引き起こす可能性があり，予後は慎重だと考えられる．しかしながら，迅速で積極的な治療により（その物質にもよるが）予後は変えることができるかもしれない．一部の中毒症例は治療に反応するかもしれないが，他の症例では治療を成功させるのは困難かもしれない．
- 症例動物は，緊急案件として獣医師の診察を受けるべきである．その際は商品パッケージなどの証拠物件も一緒に提出すること．
- VPISはこのような症例に対し，できるだけ迅速にアドバイスを行う．

- これらの物質への暴露は比較的よく認められ，大部分の症例は良好な予後をたどるが，一部は致死的になりうる．
- 理想的には，症例動物は獣医師の診察をできるだけ早く受け，全身のチェックを受けるべきである．
- 重篤な中毒例の可能性についてはVPISからアドバイスを受け取ることができる．

- これらの物質への暴露は一般的である
- VPISはこれらの物質の毒性が低いか，無視できる程度であると認識している．
- 明らかな中毒症状は認められないか，もしみられたとしても軽く，一過性である．
- 酌量すべき情状があるか，まれな症状がみられた時を除いて，獣医師の診察を受ける必要性はあまりない．
- 症例の一般的な管理に対する助言は「治療」の項目を参照すること．

亜鉛

解説/由来

亜鉛を含む硬貨，亜鉛製や亜鉛めっきの異物(ナット，ボルト，亜鉛めっきのワイヤー)の摂取，酸化亜鉛を含む薬剤(局所用)の慢性的な摂取により生じる．

毒性学

急性亜鉛中毒において，最も一貫してみられる症状は重度の血管内溶血だが，その原因は分かっていない．ただ，免疫介在性の機序ではない．赤血球の酵素の抑制，赤血球の細胞膜への直接的な傷害，あるいは赤血球の酸化的損傷に対する感受性が高まることなどが原因ではないかと考えられている．

危険因子

知られていない．

臨床症状

発症

さまざまである．

代表的な症状

消化器症状，溶血性貧血とヘモグロビン尿，食欲不振，沈うつ

その他の症状

発作，膵炎，播種性血管内溶血，腎不全，肝機能不全

治療

- 十分な水和，必要に応じて制吐薬の投与
- X線撮影は異物の摂取を証明するのに有用である．消化管除染は異物に対しては有用でないことが多く，除去には外科手術あるいは内視鏡が必要だと思われる．
- **活性炭は効果がない．**
- ファモチジンかオメプラゾールを投与することにより，胃の酸性度を低下させ，亜鉛の吸収を抑えることが可能
- キレートに関しては議論の余地がある．亜鉛の濃度は，物体を取り除けばすぐに低下するためである．
- 全血球計算のモニター
- 重症例では輸血が必要になることがある．

■ 対症療法および補助療法

予後

軽度～中等度の症状の動物では良好，重篤な症状がみられる場合は慎重

アサ（*Cannabis sativa*）

別名

マリファナ，ハッシュ，ウィード，カンナビス，ポット，スカンク

解説/由来

アサは，産業用繊維を生産するために用いられる植物である．アサの種子は健康食品として食用に供され，カンナビスは向精神薬として使用される．

毒性学

主な毒性物質はΔ9-テトラヒドロカンナビノールである．この物質は，ドーパミン，セロトニン，γ-アミノ酪酸（GABA）を含むさまざまな神経伝達物質に影響を及ぼす．受動的に吸引した犬は軽度～中等度の症状を示すが，経口摂取した場合は具合がより悪くなりやすい．

危険因子

知られていない．

臨床症状

発症

摂取後は通常4時間以内，吸引後は数分以内

代表的な症状

運動失調，虚弱，散瞳，嘔吐，傾眠，知覚過敏，尿失禁および便失禁，行動の変化

その他の症状

徐脈あるいは頻脈，低血圧，発熱あるいは低体温，ふるえ，ひきつり，筋肉の攣縮，発作

治療

- 胃を空にする，活性炭の繰り返し投与(**除染の章**を参照).
- 十分な水和，必要ならば制吐薬の投与
- 対症療法および補助療法

予後

良好

アスピリン過剰摂取

別名

アセチルサリチル酸

解説/由来

抗炎症薬，解熱鎮痛薬であり，抗血小板薬としても用いられる．アスピリンはその他の鎮痛薬(**パラセタモール**，**カフェイン**)と混合して使われることもある．その他のサリチル酸誘導体，例えばメチルサリチル酸(ウィンターグリーン油)も局所の抗炎症性鎮痛薬として使用される．

毒性学

サリチル酸誘導体の過剰摂取は，呼吸中枢を刺激し，過換気および呼吸性アルカローシスを引き起こす．身体は重炭酸イオン，ナトリウムイオンやカリウムイオンおよび水を尿として排泄して代償するが，その結果として電解質のバランスが乱れ，脱水および身体の緩衝能の低下が生じる．するとアニオンギャップの上昇を伴う代謝性アシドーシスが生じ，サリチル酸イオンの血液脳関門を介した輸送が起こりやすくなり，結果として中枢神経作用が引き起こされる．サリチル酸誘導体は酸化的リン酸化の脱共役作用を示し，アデノシン三リン酸(ATP)の合成を減少させる．このとき酸素利用の増加と二酸化炭素産生の増加(過換気に寄与する)，ラクターゼ産生の増加(代謝性アシドーシスに寄与する)がみられる．ATPを産生するために使われるべきエネルギーは熱として放散する．

危険因子

知られていない．

あ
か
さ
た
な
は
ま
や
ら
わ

臨床症状

発症

消化器症状はしばしば2時間以内に生じる．

代表的な症状

沈うつ，嘔吐，食欲不振，発熱，頻呼吸，呼吸性アルカローシスそして代謝性アシドーシス．吐血，消化管潰瘍，消化管出血が起こる可能性があるが，これらの症状は慢性的に摂取した際により多くみられる．

その他の症状

高ナトリウム血症，低カリウム血症，肺と脳の浮腫，昏睡，発作，腎障害

治療

- 胃を空にする，活性炭の投与(**除染の章**を参照)
- 十分な水和，必要ならば制吐薬の投与
- 必要ならば尿と電解質のモニター
- 酸塩基バランスの乱れが疑われる場合，血液ガスのモニター
- 消化管保護剤を推奨(**小動物の処方集**参照)
- 対症療法および補助療法

予後

補助療法を行えば良好

アミトラズ

解説/由来

局所に用いるホルムアミジン系の殺虫剤であり，犬のシラミ，ノミ，ダニ類の駆虫のために使用する．

毒性学

アミトラズの作用機序は知られていないが，α_2-アドレナリン受容体作動薬(例：キシラジン，クロニジン)と類似していると思われる．毒性は局所の過剰投与または経口摂取により起こる．心血管系作用は，α_2-アドレナリン受容体の活性化により生じる．高血糖(およびその結果生じる多尿)はインスリ

ン放出阻害により生じる．

危険因子

チワワ（特異体質性反応のリスクあり）

臨床症状

発症

1～2時間

代表的な症状

沈うつ，嘔吐，可視粘膜蒼白，食欲不振，下痢，運動失調，ふるえ，呼吸困難，徐脈，低血圧，低体温，瞳孔散大，虚脱

その他の症状

高血圧，高血糖およびそれに続く多尿

治療

- **催吐は避けたほうがよい．α_2受容体作動薬（例：キシラジン，メデトミジン，デキサメデトミジン）は投与すべきではない．**
- 活性炭の投与（除染の章を参照）
- 適切な場合，中性洗剤とぬるま湯で皮膚を洗うことで，汚染を除去する（除染の章を参照）．
- 血圧，体温，心拍数，血糖値をモニターする．
- 鎮静作用および徐脈の拮抗薬としてアチパメゾールを使用する．
- 対症療法および補助療法

予後

良好

アモキシシリン

別名

Amoxycillin

解説/由来

広域スペクトラムのペニシリン系抗生物質．しばしばクラブラン酸と組み合わせて用いる（アモキシシリン-クラブラン酸）．

毒性学

アモキシシリンの急性毒性は低い．薬用量でも消化器症状が起こる可能性があるが，過剰摂取により生じることのほうが多い．

危険因子

腎機能障害，ペニシリン過敏性

臨床症状

発症

消化器症状は投与から数時間以内．一部の症例では急性腎障害が起こる．

代表的な症状

嘔吐，食欲不振，下痢，腹部不快感

過敏反応では斑点状丘疹あるいは蕁麻疹様皮疹および発熱がみられるが，動物ではまれである．

その他の症状

腎不全，血尿，結晶尿が生じる可能性があるが，まれである．

治療

- 消化管除染は不要
- 十分な水和
- 必要ならば腎機能のモニター
- 過敏性反応は常法通り対処
- 対症療法および補助療法

予後

きわめて良好

α-クロラロース

猫の場合は138ページを参照

別名

クロラロース

解説/由来

マウスとラット用の殺鼠剤であり，有害鳥類のコントロールのためにも用いられる．さまざまな形状のおとり餌(小麦ないしふすまを含む)には2～4%．業務用の製品にはより高濃度に含まれている．

毒性学

α-クロラロースは，興奮性と抑制性の両方の作用を持つ．暴露量が少ない場合は，神経の下行性抑制系の働きを抑え，興奮を引き起こす．暴露量が多い場合は，上行性網様体賦活系の働きを抑えることで中枢神経系を抑制する．

危険因子

知られていない．

臨床症状

発症

通常1～2時間以内

代表的な症状

初期は多動および運動失調．続いて唾液分泌過多，傾眠，虚弱，知覚過敏，低体温，浅呼吸，昏睡，発作

その他の症状

呼吸不全，発熱(発作が繰り返された場合)

治療

- 胃を空にする(除染の章を参照)．
- 活性炭は有効ではない．
- 呼吸と体温をモニターする．
- 振戦，ひきつり，発作にはジアゼパムが使用できるが，その他の薬剤が必要になることもある(例：ペントバルビタール，フェノバルビタール)．
- 動物が低体温なら暖め，発熱していれば冷却する．
- 対症療法および補助療法

予後

迅速な治療を行えば良好

アロプリノール

解説/由来

キサンチンオキシダーゼ阻害薬であり，尿酸尿石症の再発予防や，高尿酸尿を伴うシュウ酸カルシウム尿石症の予防のために用いられる．ヒトでは特発性通風の予防や，シュウ酸カルシウム腎結石および尿酸腎結石を防ぐために使用する．

毒性学

アロプリノールはキサンチンオキシダーゼ(ヒポキサンチンをキサンチンに，キサンチンを尿酸に変換する反応を触媒する)を阻害することにより，尿酸の合成を減らす．過剰摂取にも良好な忍容性を示す．

危険因子

知られていない．

臨床症状

発症

おそらく数時間以内

代表的な症状

嘔吐，下痢，腹部圧痛

その他の症状

興奮，多飲が起こる可能性がある．

治療

- 消化管除染は多量摂取でない限り必要ではない(除染の章を参照)．
- 十分な水和，必要ならば制吐薬の投与
- 対症療法および補助療法

予後

きわめて良好

アンギオテンシン変換酵素(ACE)阻害薬

別名

例：ベナゼプリル，カプトプリル，シラザプリル，エナラプリル，フォシノプリル，イミダプリル，リシノプリル，モエキシプリル，ペリンドプリル，キナプリル，ラミプリル

解説/由来

ヒトにおいて心不全，高血圧，糖尿病性腎症の治療，心血管イベントの予防のために用いられる．犬ではうっ血性心不全，高血圧，蛋白漏出性腎症の治療に用いられる．慢性腎不全の猫にも使用される．

毒性学

アンギオテンシン変換酵素(ACE)は，アンギオテンシンⅠをアンギオテンシンⅡに変換する反応を触媒する．ACE阻害薬は，ACEの働きを阻害することでアンギオテンシンⅡを減少させ，その結果として血管拡張，血圧の低下，心拍出量の増加をもたらす．これらの薬物は犬でもよく受容され，重篤な毒性を示すことはまれである．

危険因子

知られていない．

臨床症状

発症

6時間以内

代表的な症状

嘔吐，下痢，低血圧，頻脈

その他の症状

腎不全

治療

- 胃を空にする，活性炭の投与(除染の章を参照)
- 対症療法および補助療法
- 十分な水和

予後

きわめて良好

イチイ属（*Taxus* species）

別名

Taxus baccata（ヨーロッパイチイ），*Taxus cuspidata*（イチイ），*Taxus baccata* 'Fastigiata'（セイヨウイチイ）

解説/由来

成長の遅い，常緑の低木ないし高木である．種子は多肉質の種皮（「ベリー」）に包まれている．未熟な種皮は緑色で，熟すと赤色になる．

毒性学

この植物には，多肉質な種皮を除くすべての部位に，タキシンAとタキシンBが含まれる．タキシンBは心毒性を持ち，ナトリウム電流とカルシウム電流を阻害する．また，刺激性を有する揮発性物質，エフェドリン，強心配糖体のタキシフィリンも含まれる．

危険因子

知られていない．

Taxus sp. ©Elizabeth Dauncey

臨床症状

発症

6時間以内

代表的な症状

嘔吐，下痢，唾液分泌過多，散瞳，無気力，ふるえ，運動失調

その他の症状

低体温，徐脈，低血圧，呼吸不全，不整脈，発作，昏睡

治療

- 胃を空にする，活性炭の投与（**除染の章**を参照）
- 対症療法および補助療法

予後

良好

一酸化炭素(CO)

解説/由来

無色，無臭，無味，無刺激，可燃性の気体である．有機燃料の不完全燃焼の際に発生する．一酸化炭素中毒は多くの場合，家庭用燃焼器具(ガス，油，あるいは固形燃料を使用する)の設置方法が悪いか，維持管理が不十分，あるいは器具が故障している場合にみられる．また，このような器具を換気が不十分な場所で使用した場合にも中毒が発生する．

毒性学

一酸化炭素はヘモグロビン分子と結合し，安定した化合物を形成する．この結果，酸化ヘモグロビンの生成が障害され，細胞低酸素が生じる．一酸化炭素がヘム領域に結合すると，ヘモグロビン分子の立体構造が変化し，残ったヘム基への酸素の親和性が上昇する．最終的には，酸化ヘモグロビンの酸素解離曲線が左方移動し，ヘモグロビンによる組織への酸素供給は不十分になる．一酸化炭素ヘモグロビンのヘモグロビンへの再変換は可能だが，時間がかかる．一酸化炭素ヘモグロビンが非常に安定しているためである．

危険因子

高齢動物，心血管あるいは脳血管の疾患，妊娠動物

臨床症状

発症

さまざまである．濃度と暴露期間による．

代表的な症状

非特異的でさまざまな臨床効果がみられる．嘔吐，沈うつ，ふるえ，傾眠，無気力，食欲不振，頻脈，頻呼吸，運動失調．行動の変化，聴覚消失，視覚喪失も起こりうる．粘膜は明るい赤色，あるいは灰色ないしチアノーゼを呈する可能性がある．

その他の症状

乳酸アシドーシス，低血圧，発作，昏睡，不整脈，永続的な神経障害

治療

- 動物を発生源から離す．
- 気管内チューブまたはタイトフィット型のマスクにより，100％酸素を与える．
- 必要に応じて心電図のモニター
- 十分な水和
- 必要ならば血液ガスのモニター．ただしP_aO_2が正常だったとしても解釈には慎重を要する．毒性の重篤度を完璧に評価するためにはCo-oximetryシステムが必要である．
- パルスオキシメトリーも一酸化炭素ヘモグロビンの存在により影響を受けるので，モニターのためには有用ではない．
- 必要に応じて抗けいれん薬の投与
- 対症療法および補助療法

予後

症状が軽度であれば良好だが，重篤な神経症状を呈する動物では慎重

イヌサフラン（*Colchicum autumnale*）

別名

コルチカム，秋咲きのクロッカス，牧場のサフラン

解説/由来

多年生の顕花植物であり，湿った草原や森などでみられ，広く栽培も行われている．5～10月に，葉が現れるより先に花を咲かせる．花はピンク，ライラック色，紫，珍しいものでは白色もあり，外見はクロッカスに似ている．果実は4～8月にかけて熟し，卵形で緑～茶色のさく果である．この植物は春咲きのクロッカスとは違う植物であり，関連はない（**クロッカス属**を参照）．

毒性学

この植物の全ての部分は潜在的に毒性を示す．毒性を示す主な成分はコルヒチンというアルカロイドアミンであり，種と球根に最も高濃度に含まれる．コルヒチンは細胞分裂を阻害する作用があり，細胞分裂中期における紡錘体の形成を抑制するので，結果として細胞分裂が盛んな細胞において最も強く効果を示す（例：骨髄，消化管上皮細胞）

Colchicum autumnale.
©Elizabeth Dauncey

危険因子

知られていない．

臨床症状

発症

48時間以内

代表的な症状

重篤な消化器の炎症，発熱，腎不全，肝酵素上昇，白血球減少症，骨髄抑制

その他の症状

虚弱，脱水，横臥，虚脱，重度の消化管炎症に続発するショック

治療

- 胃を空にする，活性炭の投与（**除染の章**を参照）
- 積極的な静脈内輸液
- 消化管保護剤を推奨（**小動物の処方集**参照）
- 血液学的検査，肝機能と腎機能のチェック
- 骨髄抑制の確証を得られた全ての動物には広域スペクトラムの抗生物質を使用すべきである．
- 対症療法および補助療法

予後

慎重

イベルメクチン

解説/由来

イベルメクチンはアベルメクチン系駆虫薬であり，経口投与あるいはスポット製剤として犬で用いられる．犬のイベルメクチン中毒の多くは，馬用の製剤の誤食(通常，製剤をこぼしたり，落としてしまった場合か，投薬された馬の糞便を犬が口にした場合)により生じる．

毒性学

アベルメクチン類は，哺乳類ではγ-アミノ酪酸(GABA)の放出を促進し，中枢神経のGABA作動性Cl^-チャネルに結合することにより効果を発揮すると考えられている．この作用の結果，小脳と大脳皮質の機能が障害される．コリー犬とその関連種ではより感受性が高い．これは，P糖タンパク質の発現異常により，イベルメクチンの脳内への取り込みが他の犬種より多いためである．

危険因子

コリー，オーストラリアン・シェパード，シェットランド・シープドッグ(シェルティー)，ボーダー・コリー

臨床症状

発症

多くの場合3～6時間以内，最大で12時間

代表的な症状

運動失調，沈うつ，唾液分泌過多，嘔吐，散瞳，混乱，協調不全

その他の症状

失明(その他の重篤な症状がなくても起こりうる)，ふるえ，発作，知覚過敏，反射亢進，低体温あるいは発熱，虚弱，昏睡，麻痺

治療

- 胃を空にする，活性炭の繰り返し投与(除染の章を参照)
- 徐脈の管理としてアトロピンを用いる．
- **ベンゾジアゼピン類とバルビツレートの使用は避ける．**
- ふるえや発作がみられる場合はプロポフォールを使用すべきである．

- その他の治療に反応しない重篤な症例では脂肪乳剤の静脈内注射を検討する．
- 対症療法および補助療法

予後

補助療法を行えば良好

エタノール

別名

アルコール

解説/由来

エタノールはさまざまな用途を持つ．チンキ剤，エリキシル剤，工業用アルコール(例：工業用のメタノール変性アルコールは95%エタノールである)，消毒薬，マウスウォッシュ，香水，アフターシェーブローション，コロン(エタノール濃度は最大90%にもなる)などに含まれる．工業的には，溶媒や燃料としても使われる．エタノールは医療用としての用途もあり，とりわけ**エチレングリコール**中毒の解毒剤として用いられる．エタノールの含有量は，多くのビールは容量あたり3〜6%，ワインは10〜12%，蒸留酒(ウイスキー，ジン，ウォッカなど)では20〜60%である．

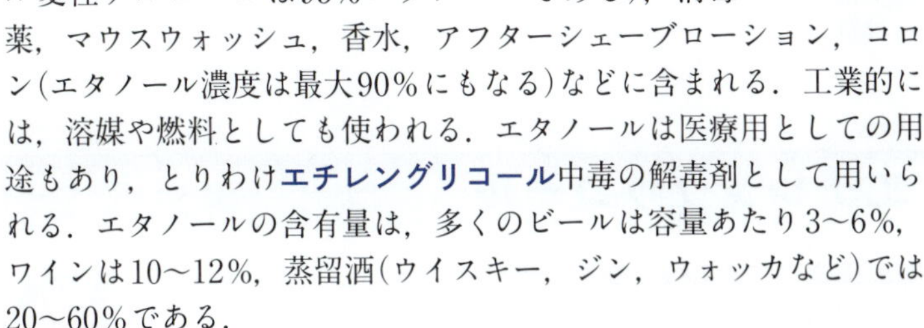

毒性学

エタノールは中枢神経系の抑制薬である．初期は網様体賦活系を抑制するように作用すると考えられている．この作用の正確なメカニズムは不明だが，細胞膜のイオン輸送障害が関与していると思われる．

危険因子

知られていない．

臨床症状

発症

1〜2時間

代表的な症状

嘔吐，下痢，興奮，動揺，その後沈うつ，運動失調，協調不全，啼鳴，傾眠

その他の症状

昏睡，低体温，代謝性アシドーシス，低血糖，尿失禁，呼吸抑制

治療

- 摂取直後であれば，胃を空にする（**除染の章**を参照）．エタノールは急速に吸収されるためである．
- 活性炭は有用ではない．
- 十分な水和
- 必要に応じて保温
- 血糖値をモニターし，低血糖ならば補正する．
- 可能ならば血液ガスの酸塩基平衡を確認する．
- 対症療法および補助療法

予後

良好

エチレングリコール

猫の場合は141ページを参照

別名

エタンジオール

解説/由来

不凍液（しばしば鮮やかな色に着色されている），フロントガラスの洗浄用，ブレーキオイル，インク，冷却剤などに使用される．

毒性学

エチレングリコールは，アルコール脱水素酵素によって多数の毒性代謝産物に変換される．これらの化合物は腎臓を障害し，低カルシウム血症を引き起こす．

危険因子

知られていない.

臨床症状

発症

最初の症状は30分〜12時間

代表的な症状

- ステージ1(暴露後30分〜12時間)：沈うつ，嘔吐，運動失調，頻脈，虚弱，多尿，多飲，低カルシウム血症，低体温
- ステージ2(暴露後12〜24時間)：循環呼吸器系の症状(頻呼吸，アシドーシス，高血圧ないし低血圧，肺水腫，不整脈)
- ステージ3(暴露後24〜72時間)：腎疾患の徴候(乏尿，高窒素血症，腎不全)

その他の症状

シュウ酸塩尿，高血糖，高カリウム血症，高リン血症

治療

- 消化管の除染は，摂取後1時間以内に受診した動物の場合にのみ意義がある(**除染の章**を参照).
- 活性炭は有用ではない.
- エタノールは特異的解毒剤であり，可能な限り迅速に投与すべきである．ただし，**エタノールは腎不全の犬に投与すべきではない.**
- アルコール脱水素酵素の拮抗的阻害薬であるホメピゾールも適用可能だが，高価であり，流通も限られている.
- アシドーシスの場合は炭酸水素ナトリウムを使用する.
- 腎機能のモニター
- 補助療法

予後

臨床症状が24時間以内に改善した動物は予後良好だが，腎不全を呈した動物は不良

塩化ナトリウム

別名

塩，催吐用の塩水，食卓塩，食塩，食器洗浄機用の塩，岩塩，海水など

解説/由来

広く使われており，さまざまな用途がある．白い結晶性粉末，あるいは無色の結晶であり，水筒用の殺菌液，硬水軟化剤，一部の入浴用製品(例：バスソルト)，多くの食品(例：固形スープの素，グレイビーソース)に含まれている．また，手作りの造形用粘土にも使われている．医原性の中毒が，高張液の不適切な使用によって起こる可能性がある．

毒性学

細胞外液の浸透圧の約90%はナトリウムが関わっており，ナトリウムの増加により血漿浸透圧も増加する．この結果，細胞外液は高張になり，細胞内から細胞外へと水が移動する．最終的に，細胞の脱水と血管の過負荷が生じる．中枢神経系においては血行障害，塞栓症，脳萎縮および脳内血管の切断，それに続いて出血が生じる．中毒症状は体重1kgあたり塩2～3gの摂取で生じると考えられており，4g/kg以上の摂取は致死的である．高ナトリウム血症の症状は，典型的には急速な血清ナトリウム濃度の上昇(170mmol/L以上)でみられ，180mmol/L以上では深刻な症状がみられる．

危険因子

腎機能障害

臨床症状

発症

数分で嘔吐がみられることがある．神経症状は(重症例では)1時間以内に，あるいは摂取から数時間後に生じる

代表的な症状

高ナトリウム血症による初期症状は非特異的である(嘔吐，下痢，沈うつ，無気力，ふるえ，多飲，脱水，運動失調，虚弱，高血圧，頻脈，頻呼吸)．神経症状としては，発作，昏睡があり，重篤例では死に至る．

その他の症状

筋硬直，高塩素血症，代謝性および呼吸性アシドーシス，腎不全，心電図の変化(QT間隔の延長を含む)．細胞内液の重度の喪失が引き起こされると，細胞内プロセスが大幅に混乱する可能性がある．

治療

- 胃を空にする(**除染の章**を参照)．
- 活性炭は有用ではない．
- 電解質(特にナトリウム濃度)，血糖値，血液pH，腎機能および尿量をモニターする．血管内の血液量と水和状態のモニターも必要不可欠である．
- 治療の目的は，水と電解質をもとの状態に戻し，腎臓からのナトリウムの排泄を促すことである．
- 軽症の症例では少量の新鮮な水を頻繁に飲めるようにしておく．
- **高ナトリウム血症**を呈する多くの動物では，高ナトリウム血症は(数日〜数週間かけて)徐々に進行しているので，ナトリウムと浸透圧を急速に補正しすぎてはならない．理想的には，ナトリウムは0.5mmol/L/h(あるいは10〜12mmol/day)以下の速度で補正すべきである．急激なナトリウム濃度の減少は，脳内への水の移動を引き起こし，脳浮腫や発作の原因になりうる．**非常に慢性的な高ナトリウム血症**の場合も，ナトリウムの補正はやはりゆっくりと行うべきである(48〜72時間以上)．しかし，まれなケース(急性暴露の場合が多い)ではあるが，高ナトリウム血症が非常に急速に(数時間で)発生したことを臨床家が確信できるのであれば，高ナトリウム血症になるまでにかかった時間と同程度の時間で血中ナトリウム濃度を補正することは可能である．
- 輸液療法は，さまざまな要因(例えば動物の水和状態，腎機能，血流力学動態，そして最も重要なこととして，血清ナトリウムの連続的な測定結果)により影響を受ける．
- 腎機能障害がある動物で，過剰輸液の危険がある場合は，ループ利尿薬(例：フロセミド)を輸液療法に追加して行う．

予後

軽度の症例では良好．神経症状を呈する犬では慎重

ガバペンチン

解説/由来

ガバペンチンは抗けいれん薬および鎮痛薬である．犬と猫では難治性てんかんあるいは複雑部分発作の補助的な治療として，あるいは疼痛の治療のために用いられる．

毒性学

ガバペンチンの作用の正確なメカニズムは分かっていない．構造的には神経伝達物質であるγ-アミノ酪酸(GABA)と関連があるが，GABA受容体に作用する他の物質とは作用機序が異なる．ガバペンチンを摂取したことによる重症例は犬では報告されていない．

危険因子

知られていない．

臨床症状

発症

1～6時間

代表的な症状

傾眠，無気力，沈うつ，運動失調，協調不全，嘔吐，下痢

その他の症状

呼吸抑制，低血圧，頻脈，発作

治療

- 活性炭の投与(**除染の章**を参照)
- 必要ならば胃を空にする(**除染の章**を参照)．
- 対症療法および補助療法

予後

良好

カフェイン

解説/由来

紅茶，コーヒー，チョコレートなどで広く用いられており，興奮作用を持つ．一部のOTC鎮痛薬，興奮剤ないし痩身剤などにも含まれている．**メモ**：チョコレートをコーティングしたコーヒー豆は特に毒性のリスクが高い(**チョコレート**参照)

毒性学

カフェインはテオフィリンやテオブロミンと構造的に関連があるメチルキサンチン類である．中枢神経系および筋肉(心筋を含む)に対して興奮作用を有する．メチルキサンチン類は環状ヌクレオチドホスホジエステラーゼを阻害し，アデノシンの受容体を介した作用に拮抗する．この結果，大脳皮質の興奮，心筋の収縮，平滑筋の収縮，利尿が生じる．カフェインはカテコラミン類，特にノルアドレナリン(ノルエピネフリン)の合成および放出も促進する．高用量のカフェインは大脳髄質，呼吸中枢，血管運動中枢，迷走神経中枢を刺激するが，心臓への作用および冠動脈拡張作用はほとんどない．

危険因子

心疾患

臨床症状

発症

通常1〜3時間

代表的な症状

嘔吐，下痢，頻脈，運動失調，頻呼吸，発熱，利尿，散瞳，多飲，知覚過敏，興奮，多動，いらいら，落ち着きのなさ，動揺，ひきつり，発作

その他の症状

高血圧，チアノーゼ，昏睡，不整脈，特に心室性期外収縮

治療

- 催吐は，多動あるいは興奮した動物では絶対に避けること．
- 活性炭単体の繰り返し投与(**除染の章**を参照)
- 十分な水和，必要に応じて制吐薬の投与

- 多動や発作に対してはジアゼパムを使用する．もしジアゼパムに効果がみられなければその他の薬剤(例：ペントバルビタール，フェノバルビタール，プロポフォール)を用いる．
- 可能であれば，心電図をモニターする．
- 重度の頻脈や不整脈の場合，プロプラノロールが有効な場合がある．
- 心室性期外収縮にはリドカインを用いる．
- 対症療法および補助療法

予後

興奮作用が弱い犬では良好．興奮作用あるいは心臓への効果が重大な犬では慎重

壁紙の接着剤

別名

壁紙用の糊

解説/由来

壁装材を壁に貼り付けるために用いられる接着剤で，ジャガイモデンプンの誘導体，ポリ酢酸ビニル，カビの発生を防ぐための抗真菌薬を含むことが多い．水に溶いて使う粉末状か，すぐに使えるペースト状の製品がある．

毒性学

消化管に対する刺激性がある．これらの製品に含まれる抗真菌薬の濃度は低く，急性毒性は低い．

危険因子

知られていない．

臨床症状

発症

数時間以内

代表的な症状

嘔吐，下痢，無気力，食欲不振，唾液分泌過多

あ
か
さ
た
な
は
ま
や
ら
わ

その他の症状

吐血，血下痢，腹部圧痛，舌潰瘍，虚弱，発熱

治療

- 消化管除染の必要はない．
- 十分な水和
- 対症療法および補助療法

予後

きわめて良好

カルシウム拮抗薬

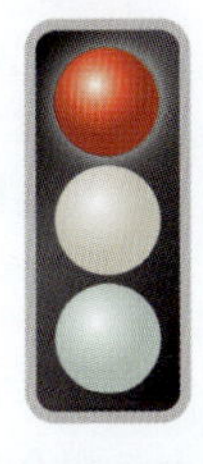

別名

例：アムロジピン，ジルチアゼム，フェロジピン，イスラジピン，ラシジピン，レルカニジピン，ニカルジピン，ニフェジピン，ニモジピン，ニソルジピン，ベラパミル

解説/由来

ヒトで高血圧，不整脈，狭心症の治療に用いられる．犬および猫では高血圧，肥大型心筋症，頻脈性不整脈に対して用いる．

毒性学

カルシウムチャネル拮抗薬であり，L型カルシウムチャネルを阻害する．この結果，血管平滑筋の弛緩，陰性変時作用および陰性変力作用が生じる．

危険因子

知られていない．

臨床症状

発症

通常6時間以内だが，徐放剤を摂取した場合は遅延する可能性がある．

代表的な症状

低血圧，徐脈あるいは反射性頻脈，高血糖，無気力，虚脱

その他の症状

発作，昏睡，肺水腫

治療

- 胃を空にする，活性炭の投与(**除染の章**を参照)．徐放性製剤を摂取した場合は活性炭を繰り返し投与する．
- 血糖値を確認する．
- 低血圧はまず静脈輸液によって治療すべきである．
- 静脈内輸液に反応しない場合は，ボログルコン酸カルシウムあるいはグルコン酸カルシウムの使用
- カルシウム塩の投与に反応しない犬では，グルカゴン50～150 μg/kg 静脈内投与(i.v.)ボーラス投与を検討する．
- 上記の治療がうまく行かなかった場合はアドレナリンの投与を検討する．
- 対症療法および補助療法

予後

軽度～中等度の症状の動物では良好，重篤な心血管系作用がみられる場合は慎重

カルバマゼピン

解説/由来

人医療において用いられる抗けいれん薬で，全ての種類のてんかん(発作を起こさないものは除く)と三叉神経痛に用いられる．剤形は通常は徐放剤である．カルバマゼピンは犬のてんかんの治療にはもはや用いられない．代謝が早く，半減期が短いためである．

毒性学

カルバマゼピンの作用機序は，完全には明らかになっていない．カルバマゼピンは興奮した神経の細胞膜を安定化し，神経の反復的な放電を阻害し，興奮性刺激のシナプス伝達を減少させる．

危険因子

知られていない.

臨床症状

発症

通常1〜2時間以内だが，徐放剤を摂取した場合は遅延する可能性がある.

代表的な症状

傾眠，無気力，運動失調，嘔吐

その他の症状

ひきつり，筋肉の攣縮，発作

治療

- 胃を空にする，活性炭の投与(除染の章を参照)
- 必要に応じて抗けいれん薬の投与
- 対症療法および補助療法

予後

良好

カルバメート系殺虫剤

猫の場合は146ページを参照

別名

例：アルジカルブ，ベンダイオカルブ，カルバリル，カルボフラン，フェノキシカルブ，メチオカルブ，メソミル，オキサミル，チオジカルブ

解説/由来

カルバメート系殺虫剤は，庭園や家庭用の殺虫剤として，また農業用としても広く用いられる．液剤，スプレー，粉末があり，供給された状態のままで，あるいは希釈してから用いる．通常，家庭用品に含まれる物質の濃度は低いが，農業用製品はより危険度が高い．

あ
か
さ
た
な
は
ま
や
ら
わ

毒性学

カルバメートは，有機リン酸塩と同様に作用する．すなわち，アセチルコリンエステラーゼに結合して阻害する．この結果として神経伝達物質アセチルコリンが蓄積し，ニコチン受容体とムスカリン受容体が活性化する．そのため，ニコチン様作用とムスカリン様作用の両方が生じるが，ニコチン受容体は急速に脱感作状態になる．カルバメート中毒の結果生じる作用の持続時間は，有機リン酸塩による中毒よりも短い傾向がある．

危険因子

知られていない．

臨床症状

発症

通常15分～3時間以内

代表的な症状

唾液分泌過多，気道分泌増加，運動失調，下痢，縮瞳，筋肉の攣縮，ふるえ，虚弱，知覚過敏，発熱，尿失禁

その他の症状

虚脱，徐脈，呼吸抑制，発作，チアノーゼ，昏睡が起こる可能性がある．回復後，ミオパシーがまれにみられる．

治療

- 胃を空にする，活性炭の投与(**除染の章**を参照)
- 中性洗剤とぬるま湯で皮膚を洗い，汚染を除去する(**除染の章**を参照)．
- 体温をモニターし，41℃以上の発熱には積極的に治療を行う．
- コリン作動性効果に拮抗させるためにアトロピンを投与すべきである．
- コリンエステラーゼ再賦活化薬(プラリドキシムなど)を使用する必要はない．
- 対症療法および補助療法

予後

積極的な補助療法を行えば良好

キシリトール

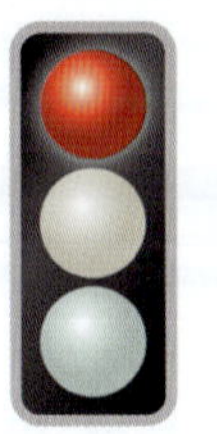

別名

食品添加物 E 967

解説/由来

キシリトールは糖アルコールである．菓子やパンなどの甘味料として，あるいはヒト用や動物用医薬品の添加物として用いられる．伴侶動物用の飲用水の添加物としても使われることがある．重篤な中毒例は通常，チューインガム，菓子，糖代用品を使ったケーキなどを摂取した結果生じる．

毒性学

犬でインスリン放出を強力に刺激する効果がある．キシリトールの暴露を受けると用量依存性にインスリン濃度が上昇し，急速に低血糖が生じる．キシリトールは肝毒性も持つ．

危険因子

知られていない．

臨床症状

発症

通常2時間以内だが，肝臓への作用は72時間後にまで遅延することがある．

代表的な症状

低血糖に関連する症状(嘔吐，頻脈，運動失調，傾眠，昏睡，発作，虚脱)

その他の症状

肝不全および血液凝固障害(低血糖を伴わずに生じることがある)

治療

- 積極的な治療が必要である．
- 胃を空にし，活性炭の投与(除染の章を参照)
- 血糖値のモニターと糖の補充が必要である．
- 肝機能のモニター，肝保護剤の投与

予後

合併症がなく，低血糖がコントロールされれば良好．肝不全がみられる場合は不良

キニーネ

解説/由来

キナノキ(*Cinchona*)の樹皮に含まれるアルカロイドで，人医療においては夜間のこむら返りや，熱帯熱マラリア(*Plasmodium falciparum*)の治療に用いられる．

毒性学

キニーネはキニジンの立体異性体であり，心筋抑制と末梢の血管拡張を引き起こす．キニーネは膜安定化作用，抗コリン作用，α-アドレナリン遮断作用に加えて電気生理学的作用も持ち，活動電位持続時間と有効不応期を延長し，細胞膜の反応性を低下させる．キニーネは視覚障害を引き起こすことがあるが，正確な機序は明らかになっていない．

危険因子

知られていない．

臨床症状

発症

通常15分～2時間

代表的な症状

嘔吐，下痢，無気力，運動失調，頻脈，低血圧，散瞳，一過性の難聴，低カリウム血症，知覚過敏，ふるえ

その他の症状

失明，虚脱，発作，呼吸不全，チアノーゼ，不整脈

治療

- 胃を空にする，活性炭の投与(除染の章を参照)
- 十分な水和
- 可能なら心電図をモニターする．

- 電解質を確認し，補正すべきである．低カリウム血症の場合は過剰に補正してはならない．
- 発作の場合ジアゼパムを使用
- 低血圧の場合，静脈内輸液を行う．
- キニーネに誘発された不整脈には炭酸水素ナトリウムを使用する．**リドカイン，キニジン，プロカインアミドの使用は避ける**．

予後

補助療法を行えば良好．心臓への作用が重度の場合は慎重

キノコ

別名

茸，毒キノコ

解説/由来

イギリスでは，大型菌類が何千種類もみられる．菌類の，肉眼で見えて食用に供される部分は，生殖部分(子実体)である．専門家の知識と経験がなければ同定は困難である．後に同定する目的でサンプル採取を行う場合は，紙に包み(プラスチックは不適)，冷蔵保存する．**ホコリタケ**も参照

毒性学

キノコのうち毒があるのはごく少数であり，どのような毒素が関与したかによって症状は変わる．毒がある種類を摂取したとき，作用の発現が早ければ早いほど，キノコの毒性は低い．標本からの同定が不可能であっても，臨床症状からキノコ中毒症候群を診断できるかもしれない．一般的に，**臨床症状の発現が早い**(摂取から6時間以内)場合は以下の中毒が示唆される．

- 胃腸刺激型の中毒
- イボテン酸中毒
- ムスカリン中毒
- シロシビン中毒

臨床症状の発現が遅い(摂取後6時間以上)場合は以下の中毒が示唆される．

- アマトキシン中毒

- ジロミトリン中毒
- オレラニン中毒

危険因子

知られていない.

臨床症状

発症

症候群によって異なる.

- 胃腸刺激型：25〜120分
- イボテン酸：30〜120分
- ムスカリン：30分以内
- シロシビン：10〜30分
- アマトキシン：6〜24時間
- ジロミトリン：2〜24時間，重篤例では36〜48時間
- オレラニン：最大で17日

代表的な症状

キノコの摂取による臨床症状について，症候群別に概要をまとめる.

- 胃腸刺激型：嘔吐，下痢，腹部圧痛
- イボテン酸：嘔吐，混乱，協調不全，運動失調，無気力と多動の繰り返し，幻覚，ひきつり，発作，最終的には深い眠り
- ムスカリン：唾液分泌過多，流涙，縮瞳，徐脈，腹部圧痛，水様性下痢
- シロシビン：散瞳，行動の変化，頻脈，反射亢進，嘔吐および腹部圧痛，沈うつ，不安，発熱および発作
- アマトキシン：重度の腹部圧痛，嘔吐，水様性下痢，脱水，肝不全および腎不全
- ジロミトリン：腹部圧痛，嘔吐，下痢，無気力，発熱，肝不全および腎不全
- オレラニン：食欲不振，嘔吐，下痢あるいは便秘，多飲，多尿，腎不全

治療

- 動物の状態にもよるが，胃を空にし，活性炭を投与する(**除染の章**を参照).
- 十分な水和，必要に応じて制吐薬の投与
- イボテン酸：静かで暗い環境に置くことは有用である．必要な

らば鎮静を用いる.

- ムスカリン：アトロピンが必要になることがある.
- シロシビン：静かで暗い環境に置くことは有用である．必要ならば鎮静を用いる.
- アマトキシン：VPISの専門家に連絡を取る.
- ジロミトリン：対症療法および補助療法，腎機能と肝機能をモニター
- オレラニン：対症療法および補助療法

予後

ほとんどの場合はきわめて良好．臨床症状が6時間以内に始まった場合は良好な予後をたどる．非常に毒性の高い種を摂取した場合は慎重

魚油

別名

肝油，ハリバット肝油，サーモンオイル

解説/由来

人医用のOTC医薬品の，マルチミネラル，マルチビタミン製品の多くに含まれている.

毒性学

多量に摂取したとしても，これらの油による急性毒性はほとんどみられない.

危険因子

知られていない.

臨床症状

発症

2時間以内

代表的な症状

嘔吐，下痢

その他の症状

脱水

治療

- 消化管除染の必要はない.
- 十分な水和，必要に応じて制吐薬の投与

予後

きわめて良好

キングサリ（*Laburnum anagyroides*）

別名

Bean tree，ゴールデンチェーン，ゴールデンレイン，黄花藤

解説/由来

キングサリは，観賞用樹木として栽培されているが，時々空き地などで自然に生育することもある．夏に，鮮やかな黄色い花房をつける．未熟な鞘および種子は緑色だが，熟した鞘は薄茶色で，乾燥し，3〜8個の茶色ないし黒色の種を含む．

Laburnum anagyroides.
©Elizabeth Dauncey

毒性学

主な毒はシチシンと呼ばれるキノリジジンアルカロイドであり，植物の全ての部位に含まれている．シチシンはニコチン様作用を持つが，呼吸器系への刺激作用のほうが強い．吸収は早い．キングサリによる重篤な中毒例は，犬ではまれである．

危険因子

知られていない．

臨床症状

発症

通常2時間以内

代表的な症状

唾液分泌過多，持続的な嘔吐と下痢

その他の症状

無気力，筋攣縮，協調不全，強直間代性けいれん．呼吸麻痺の結果，死に至ることがある．

治療

- 胃を空にする，活性炭の投与(**除染の章**を参照)
- 十分な水和
- 対症療法および補助療法

予後

良好

クサリヘビ咬傷

解説/由来

ヨーロッパクサリヘビ(*Vipera berus*)はイギリス固有のヘビの中で唯一の毒ヘビである．成体はおよそ全長50cmであり，薄い灰色，緑色～暗褐色で，背側に特徴的な黒ないし茶色のジグザグ模様がある(体色が非常に暗い色の場合は，はっきり見えない)．このヘビは低木林や砂丘，荒れ地，森林の辺縁部などを好む．保護種である．クサリヘビが噛むのは通常怒らせた場合のみである．咬傷は夏に多い．

Vipera berus.
Matthew Rendleの厚意による

毒性学

クサリヘビ毒は複数のタンパク質の混合物であり，薬理学的に活性のある物質(例えばヒスタミン，セロトニン，ブラジキニン，プロスタグランジン類）を放出させる．心臓および血管にも直接作用し，細胞溶解性ないし溶血性物質を放出させる．

危険因子

知られていない．

臨床症状

発症

急速，2時間以内

代表的な症状

刺創が観察されることがある．局所の疼痛を伴う腫脹が広がっていき，次第に出血もみられるようになる．鼻口部への咬傷は，犬の飲食および体温調節機能に影響を及ぼす可能性がある．また，意識状態の変化（無気力から沈うつ，昏睡まで），頻脈，発熱，歩行困難，あざ，可視粘膜蒼白，唾液分泌過多，嘔吐，パンティングなどもみられる．

その他の症状

ショック状態，虚脱，腎臓・肝臓・心臓への影響および血液凝固障害

治療

- 迅速な対応が必要不可欠である．
- 可能であれば犬を安静に保つ．
- **咬傷部位はそっとしておくこと．**患肢は固定する．**切開，吸引，止血帯の使用は推奨されない．**
- できるだけ早く特異的な抗毒素の使用を検討する．鼻口部や顔に咬傷がある症例では全頭で必ず検討すること．
- 対症療法および補助療法
- ステロイドは使用すべきではない．抗菌薬は感染の証拠がある場合のみ使用すべきである．
- 出血がみられる症例では，血液凝固障害を確認する．

予後

軽度～中等度の症状の動物では良好，重篤な症状がみられる場合は慎重

グリホサート剤

猫の場合は148ページを参照

解説/由来

グリホサートは，多くの植物への作用を示す，発芽後用除草剤である．抗コリンエステラーゼ活性を持たない有機リン系除草剤である．

毒性学

多くの液状製剤に含まれる刺激性界面活性剤であるポリオキシエチレンアミンが，今までに報告されているグリホサート剤の中毒の一部の効果を引き起こしている原因かもしれない．一部の製品では界面活性剤の濃度が15%にも及ぶ．グリホサートの毒性を引き起こすメカニズムは分かっていないが，酸化的リン酸化における脱共役が関わっている可能性がある．本剤で汚染された植物の摂取により軽度の消化器症状が生じる．

危険因子

知られていない．

臨床症状

発症

30分～2時間

代表的な症状

初期は，消化器の炎症（唾液分泌過多，嘔吐，下痢，食欲不振），頻脈，興奮，その後に運動失調，沈うつ，徐脈．眼と皮膚の炎症が起こる可能性がある．

その他の症状

虚脱，重度の徐脈，発作．まれに，咽頭炎，発熱，ひきつり，散瞳，血尿，腎不全および肝障害

治療

- 胃を空にする，活性炭の投与（**除染の章**を参照）
- 十分な水和，必要ならば制吐薬の投与
- 肝機能および腎機能のモニター
- 対症療法および補助療法

予後

多くの場合は良好．腎障害あるいは肝障害が認められる場合は慎重

グルコサミン

解説/由来

多くの関節用サプリメントに含まれており，しばしばコンドロイチンと合わせて使用される．変形性関節症の管理に用いられる．

毒性学

グルコサミンを含む関節用サプリメントの急性摂取例の多くは，臨床症状をほとんど，あるいは全く示さない．しかしながら，肝障害の報告がある．

危険因子

知られていない．

臨床症状

発症

消化器症状は1～3時間で起こることが多い．肝臓に対する作用は24～48時間で生じることが多い．

代表的な症状

水様性下痢，嘔吐，腹部圧痛，無気力

その他の症状

アラニントランスアミナーゼ(ALT)の上昇，時にアルカリホスファターゼ(ALP)の上昇

治療

- 消化管除染の必要はない．
- 対症療法および補助療法
- 十分な水和
- 症状を示している動物では肝機能を確認，必要であれば肝保護剤の投与

予後

多くの場合ではきわめて良好．肝酵素上昇がみられる動物では慎重

クロッカス属（*Crocus* species）

別名

春のクロッカス

解説/由来

広く栽培され，帰化もしている球茎（球根）植物である．カップ型で，先細りの，細い管状構造の花を一つ咲かせる．花の色は非常に多様だが，ライラック色，ふじ色，黄色，白が一般的である．細く，イネ科のような葉は，緑色で中央に白い筋が入っている．この植物は秋咲きのクロッカス（イヌサフラン参照）とは違う植物であり，関連はない．

毒性学

クロッカスの毒性は低いと考えられている．

危険因子

知られていない．

Crocus sp.
©Elizabeth Dauncey

臨床症状

発症

通常2～4時間以内，時には12時間

代表的な症状

食欲不振，嘔吐，下痢，腹痛

その他の症状

時に吐血，無気力

治療

- 消化管除染の必要はない．
- 十分な水和
- 対症療法および補助療法

あ
け
さ
た
な
は
ま
や
ら
わ

予後

きわめて良好

経口避妊薬

別名

「ピル」

解説/由来

エストロジェンとプロジェステロン，あるいはプロジェステロンのみを含む錠剤

毒性学

経口避妊薬は，急性毒性は低いと考えられている．

危険因子

知られていない．

臨床症状

発症

数時間以内

代表的な症状

嘔吐と下痢が起こる可能性があるが，一般的ではない．

その他の症状

プロジェステロンを含有する製剤では，雌犬で一時的に発情を撹乱する可能性がある．

治療

治療の必要はない．

予後

きわめて良好

けいれん性カビ毒（マイコトキシン）

別名

マイコトキシン，ペニトレムA，ロケホルチン

解説/由来

カビ毒は，真菌の代謝産物であり，ヒトおよび動物に毒性を持つ．けいれん性カビ毒は，一部のカビの生えた食品(特にチーズなどの日常食品)，サイレージや堆肥，落下してカビが生えた果実や木の実などに含まれている．けいれん性カビ毒は多数あるが，臨床的に重要なのはごくわずかである．ペニトレムAやロケホルチンは，小動物の急性中毒に最もよく関与している．

毒性学

作用機序は解明されていないが，マイコトキシンの種類によって異なると考えられる．ペニトレムAは，おそらく神経伝達物質の放出を妨げている．

危険因子

知られていない．

臨床症状

発症

通常30分以内だが，時には3時間まで

代表的な症状

嘔吐，過敏，運動失調，筋攣縮，四肢の過伸展を伴う硬直，多動，知覚過敏，頻脈，パンティング，頻呼吸，眼振および散瞳．重篤例では，ふるえ，後弓反張，発作，昏睡．筋活動の増加により，発熱，疲労，横紋筋融解症，脱水，低血糖，乳酸脱水素酵素・クレアチニンキナーゼ・肝酵素の上昇が引き起こされる．

その他の症状

吐物の吸引のリスクがある．

治療

- 胃を空にする，活性炭の繰り返し投与(**除染の章**を参照)
- 十分な水和，必要に応じて制吐薬の投与

あ
け
さ
た
な
は
ま
や
ら
わ

- 冷却処置が必要になる場合がある.
- ジアゼパムはほとんどの症例では効果がないので，他の薬剤を用いる(例：ペントバルビタール，フェノバルビタール，プロポフォール，メトカルバモール).
- 反応しない症例では全身麻酔が必要になるかもしれない.
- その他の治療に反応しない重篤な症例では脂肪乳剤の静脈内注射を検討する.
- 対症療法および補助療法

予後

症状が軽度の症例では良好．発作の管理ができなければ不良

交感神経刺激薬

別名

例：エフェドリン，ノルシュードエフェドリン，フェニレフリン，フェニルプロパノールアミン，シュードエフェドリン

解説/由来

犬と猫で，うっ血除去薬として，また括約筋の低緊張に対して用いられる．人医領域では，うっ血除去薬として，また痩せ薬として用いられる．

毒性学

交感神経刺激薬は，アドレナリン受容体に対して直接的および間接的に作用し，急性の心臓作用および中枢興奮作用による毒性を示す．この結果，心臓と脳において内因性カテコラミン類の放出が起こり，末梢血管の収縮，心臓への刺激および血圧上昇が引き起こされる．個々の症例の，この薬剤に対する反応は非常に多様である．

危険因子

知られていない.

臨床症状

発症

30分～8時間

代表的な症状

交感神経刺激による，頻脈，興奮，多動，パンティング，発熱，高血圧あるいはリバウンドによる低血圧，散瞳，幻覚

その他の症状

重篤な症例では徐脈，ふるえ，発作．播種性血管内凝固や横紋筋融解症，腎不全，肺水腫のリスクがある．

治療

- 胃を空にする，活性炭の投与(**除染の章**を参照)
- 心拍数，血圧，体温をモニターする
- **ジアゼパムの使用は絶対に避ける．** ふるえや発作に対してはアセプロマジンかバルビツレートを推奨
- 十分な水和
- 長期にわたる頻脈，あるいは重度の頻脈に対しては β -遮断薬の使用
- 対症療法および補助療法

予後

良好

抗凝固性殺鼠剤

別名

例：ブロジファクム，ブロマジオロン，クロロファシノン，クマテトラリル，ディフェナコウム，ジフェチアロン，ディファシノン，フロクマフェン，ワルファリン

解説/由来

これらの化合物は，殺鼠剤の調合薬に多く用いられている．一般人が調合したものでは通常，化合物の濃度は低い(一般に重量比で0.005%)が，業務用の製品にはより高濃度に含まれている．ワルファ

リンは，ヒトの血栓塞栓性疾患の管理のために医療目的で使用されることもある．

毒性学

肝臓のビタミンK_1エポキシドリダクターゼを競合的に阻害する．凝固因子Ⅱ，Ⅶ，Ⅸ，Ⅹを枯渇させ，肝臓のプロトロンビン合成を阻害する．

危険因子

その他の凝固異常，甲状腺機能低下症，肝疾患，これらの化合物への暴露歴

臨床症状

発症

通常3～5日以内(時に7日)．プロトロンビン時間(PT)延長は最短で36時間後に生じる．

代表的な症状

非特異的な症状として，無気力，虚弱，食欲不振，咳，沈うつ，可視粘膜蒼白．(特に肺では)外出血よりも内出血のほうが一般的である．

その他の症状

出血部位による．血液量減少性ショックのリスクがある．

治療

- 胃を空にする，活性炭の投与(除染の章を参照)
- 無症候性の犬では，
  - 以下の**どちらか**を実施する：少なくとも21日間ビタミンK_1を投与し，最終投与から48時間後にPTを評価する，**あるいは**摂取から48～72時間後に凝固系を評価し，PT延長がみられたら，その後少なくとも21日間ビタミンK_1を投与する．
  - 慢性的な暴露が懸念される時は，すぐにビタミンK_1投与を開始する，あるいは，すぐにPTを評価し，24～48時間後に再評価する．
- 症状を示す犬では，すぐにビタミンK_1投与を開始し，少なくとも24時間は入院させる．
- 症状が重い場合は，血漿輸血あるいは全血輸血が必要になるだろう．

予後

臨床症状が軽く，ビタミンK_1でコントロールされている症例では良好．重篤な症状がみられ，出血がコントロールされていない症例では予後不良

抗ヒスタミン薬

別名

例：アクリバスチン，セチリジン，クロルフェナミン，シンナリジン，クレマスチン，シクリジン，シプロヘプタジン，デスロラタジン，ジフェンヒドラミン，フェキソフェナジン，ヒドロキシジン，レボセチリジン，ロラタジン，メクロジン，ミゾラスチン，ピゾチフェン

解説/由来

人医療および獣医療において，アレルギー性疾患の治療や乗り物酔いの治療薬として広く用いられている．

毒性学

抗ヒスタミン薬は，ヒスタミンのH_1受容体への結合を可逆的・競合的に阻害する．第一世代(鎮静性)の抗ヒスタミン薬は脂溶性でコリン作動薬としての働きもあり，血液脳関門を通過して鎮静作用を引き起こす．第二世代(非鎮静性)の抗ヒスタミン薬は疎油性で，中枢神経作用やコリン作用は薬用量では比較的少ない．第二世代抗ヒスタミン薬はH_2受容体へもわずかに作用するため，抗コリン性および抗セロトニン性の副作用は少ない．

危険因子

知られていない．

臨床症状

発症

4～7時間

代表的な症状

嘔吐，唾液分泌過多，協調運動障害，運動失調，無気力，ふるえ，

沈うつ，発熱，頻脈，虚弱．重症例では昏睡，けいれん，低血圧および呼吸不全が生じる可能性がある．

その他の症状

一部の動物では多動および知覚過敏がみられることがある．

治療

- 胃を空にする，活性炭の投与(除染の章を参照)
- 対症療法および補助療法
- 十分な水和

予後

良好

コデイン

解説/由来

オピオイド性鎮痛薬であり，軽度～中等度の疼痛の治療，下痢や咳の抑制のために犬で用いられる．犬で認可を受けている製剤にはパラセタモールも一緒に含まれている．コデインは，人間でもOTC医薬品として(パラセタモール，イブプロフェンとカフェインの両方またはいずれかとともに)，あるいは処方薬としてパラセタモールとともに(co-codamol)，またはアスピリンとともに(co-codaprin)用いられる．

毒性学

コデインはμ-オピオイド受容体に結合して効果を発揮する．μ_1受容体へのコデインの結合は，鎮痛効果を引き起こし，μ_2受容体への結合は呼吸抑制の原因となる．

危険因子

知られていない．

臨床症状

発症

通常2～6時間以内

代表的な症状

無気力，傾眠，嘔吐，運動失調，縮瞳

その他の症状

呼吸抑制，昏睡，低体温

治療

- 胃を空にする，活性炭の投与(除染の章を参照)
- アポモルヒネは注意深く使用すべきである．
- 呼吸抑制や中枢神経抑制の症状を示す動物にはナロキソンを投与すべきである．ナロキソンは非常に作用時間が短く，繰り返しの投与が必要になるかもしれない．
- 必要に応じて保温
- 対症療法および補助療法

予後

補助療法を行えば良好

コトネアスター属(*Cotoneaster* species)

解説/由来

常緑で丈が低い灌木または樹木で，公園や庭でよくみられる．葉は小さく卵形で緑色であり，白ないし薄いピンク色の花を5～8月に咲かせる．そして鮮やかな赤色の果実を6月あるいは7月以降につける．

毒性学

樹皮，葉，花，特に果実にシアン配糖体を含むものの，この植物は毒性が低いと考えられている．

危険因子

知られていない．

臨床症状

発症

4～6時間以内

あ こ さ た な は ま や ら わ

代表的な症状

唾液分泌過多，嘔吐，下痢（出血性の場合がある），無気力，運動失調

Cotoneaster horizontalis.
©Elizabeth Dauncey

治療

- 消化管除染の必要はない．
- 十分な水和
- 対症療法および補助療法

予後

良好

コナラ属（*Quercus* species）

別名

オーク，どんぐり

解説/由来

オークは落葉樹であり，樹高は高く，最大で45mにも達する．花は4～5月にかけて，葉が出て来るのと同時期にみられる．果実は緑色あるいは茶色のどんぐりであり，果肉はクリーム色で，空気に触れると茶色く変色する．どんぐりは8月以降に成熟する．

毒性学

コナラ属はタンニン酸を含むが，この物質のみがコナラ中毒でみられる症状全ての原因というわけではないようだ．芽と未熟などんぐりにはタンニン酸が高濃度に含まれており，主に消化器と腎臓に影響を及ぼす．タンニン酸により血管透過性が亢進し，それに引き続いて血管内の液体が失われた結果，浮腫や，組織内での液体の貯留が引き起こされると考えられる（主に反芻動物や馬でみられる）．オークの葉やどんぐりを摂取した後の個々の動

Acorns (from *Quercus* sp.).
©Elizabeth Dauncey

物の反応は非常にさまざまである．一部の動物は強い影響を受けるが，その他の動物では少しも影響を受けないこともある．

危険因子

知られていない．

臨床症状

発症

さまざまである．1～24時間

代表的な症状

吐き気，嘔吐，下痢，腹部圧痛，無気力，沈うつ

その他の症状

メレナ，吐血，ふるえ，蕁麻疹，消化管閉塞．腎障害や肝障害は犬ではまれ

治療

- 胃を空にする，活性炭の投与(除染の章を参照)
- 十分な水和，必要に応じて制吐薬の投与
- 必要に応じて，肝機能と腎機能のモニター
- 対症療法および補助療法

予後

ほとんどの症例では良好．腎臓や肝臓への影響がみられる動物では慎重

5-ヒドロキシトリプトファン

別名

5-HTP

解説/由来

OTCのサプリメントであり，抑うつに対して用いられる．1錠あたり25～500mgまでの製剤が利用可能である．

毒性学

5-HTPはセロトニンの前駆物質である．速やかに吸収され，セロトニン(5-ヒドロキシトリプタミン，5-HT)に変換される．セロトニンが過剰になるとセロトニン受容体が過度に刺激され，中枢神経系および消化器，神経と筋肉に対する作用が生じる．「セロトニン症候群」はセロトニン過剰により生じる臨床所見の総称であり，全ての所見が常にみられるわけではない．

危険因子

知られていない．

臨床症状

発症

10分〜4時間以内，急性の経過をたどる．

代表的な症状

行動の変化，神経筋活動の増加(運動失調，ミオクローヌス，反射亢進，シバリング，ふるえ，眼振，知覚過敏)．また，散瞳，唾液分泌過多，嘔吐または下痢，頻脈，高血圧もみられる．

その他の症状

昏睡，筋硬直，高浸透圧，超高熱，代謝性アシドーシス，発作，急性腎不全

治療

- 動物の状態にもよるが，活性炭を投与する(除染の章を参照)．症状は急速に進行することがあるため，誤飲の危険がある．
- 補助療法(必要に応じて冷却，水和を維持するための静脈輸液)．興奮，ふるえ，発作に対してジアゼパムあるいはフェノバルビタールを用いることがある．
- シプロヘプタジンは非特異的セロトニン拮抗薬である．**用量**：経口ないし直腸経由で1.1mg/kgを1〜4時間おきに，症状が寛解するまで投与
- **フェノチアジン，プロプラノロール，メトクロプラミドは避ける．**

予後

迅速で積極的な治療を行えば良好

5-フルオロウラシル

別名

5-FU

解説/由来

腫瘍の治療に用いられる代謝拮抗薬である．ヒトでは皮膚の前悪性病変や悪性病変の治療のため，局所的に用いられることもある．

毒性学

ピリミジンアナログであり，RNAプロセシングおよびRNAの機能，DNAの合成および修復を阻害する働きがある．その結果として細胞分裂を阻害し，細胞死を引き起こす．細胞分裂が頻繁に起こる組織(例：骨髄，腸陰窩)が最も影響を受けやすい．神経毒性は，5-フルオロウラシルが代謝されてフルオロクエン酸になり，クエン酸回路に干渉するためだと考えられている．犬における症例の多くは，ヒトの皮膚用製剤を経口摂取することにより生じる．過剰摂取は消化器症状，神経症状および骨髄抑制を引き起こす．

危険因子

知られていない．

臨床症状

発症

通常1時間以内，しばしば5時間ほどかかることもある．骨髄抑制が発症するのは4〜7日後である．

代表的な症状

嘔吐，下痢，ふるえ，呼吸困難，発作

その他の症状

下痢，消化管潰瘍，消化管出血，眼振，幻覚，不安，知覚過敏，重度の性格の変化，徐脈あるいは頻脈，心原性不整脈．骨髄抑制はあまり一般的ではないが，その理由は，重篤なフルオロウラシル中毒の動物は生存できないためである．

治療

- 動物の臨床症状にもよるが，胃を空にし，活性炭を投与する(除染の章を参照).
- 皮膚への暴露の場合，動物を必要に応じて安定化し，その上で石けんと水で徹底的に洗浄し，乾燥させる.
- 十分な水和と，必要に応じて制吐薬の投与．消化管保護剤を推奨(小動物の処方集参照)
- 全血球計算と肝機能，腎機能をモニターする.
- 多量の血液喪失がみられる動物では，輸血が必要になることがある.
- 暴露から4〜7日後に再度血液検査を行うべきである．骨髄抑制の徴候がある動物は感染症の危険を防ぐため抗菌薬を投与する．このような症例ではフィルグラスチム(G-CSF製剤)の投与を検討する.

予後

重度の中毒症状がみられる動物では不良．軽度の症状がみられる動物では慎重

サルブタモール

別名

アルブテロール

解説/由来

サルブタモールは選択的β_2-アドレナリン受容体作動薬であり，ヒトの喘息や，可逆性気道閉塞と関連した病態の治療に用いられる．錠剤や経口液剤，あるいは吸入器に入れて用いられる.

毒性学

サルブタモールは選択的β_2-アドレナリン受容体作動薬ではあるが，高容量になるとこの特異性は失われる．β_1-アドレナリン受容体の活性化は，心臓に陽性変時作用および陽性変力作用をもたらす．また，骨格筋のβ_2-アドレナリン受容体が過度に刺激される.

危険因子

- 頻脈性不整脈の既往歴
- 心不全

臨床症状

発症

30分～12時間，4時間以内が多い．

代表的な症状

頻脈，頻呼吸，嘔吐，無気力，パンティング，低カリウム血症，ふるえ

その他の症状

落ち着きのなさ，多飲，虚弱，知覚過敏，散瞳，末梢の血管拡張

治療

- 経口摂取した場合は，胃を空にし，活性炭の投与(**除染の章**を参照)
- 使用した吸入器が壊れていたのであれば，消化管の除染は必要ではない．
- 電解質(特にカリウム)を確認し，必要に応じて補充する．
- 心拍数，呼吸，体温をモニター
- 重度の，長期にわたる頻脈に対してはβ遮断薬(例：アテノロール，プロプラノロール)が必要になる可能性がある．
- 対症療法および補助療法

予後

良好

三環系抗うつ薬

別名

TCA　例：アミトリプチリン，クロミプラミン，ドスレピン(ドチエピン)，ドキセピン，イミプラミン，ロフェプラミン，ノルトリプチリン，トリミプラミン

解説/由来

犬で行動異常の治療薬として，ヒトでは抗うつ薬として用いられる．

毒性学

三環系抗うつ薬は，中枢神経系においてノルアドレナリンとセロトニン(5-HT)の再取り込みを遮断することにより作用すると考えられている．また，副交感神経系の抑制作用，末梢神経におけるノルアドレナリンの再取り込み抑制作用，心筋の膜安定化作用(心臓のNa-Kポンプを遮断することによる)も有する．薬用量でも毒性は生じうるが，過剰摂取の場合のほうがより生じやすい．

危険因子

知られていない．

臨床症状

発症

通常4時間以内

代表的な症状

過興奮，嘔吐，運動失調，ふるえが多いが，散瞳，粘膜の乾燥，尿閉，低血圧，頻脈もみられる．

その他の症状

傾眠，昏睡，呼吸抑制，代謝性アシドーシス，低カリウム血症，発作，心電図の変化(特にQRS波の延長)，心室性不整脈

治療

- 胃を空にする，活性炭の投与(除染の章を参照)
- 低血圧に対しては静脈内輸液
- 可能であれば，心電図と電解質，血液ガスのモニター
- 過興奮や発作に対してはジアゼパムを用いる．
- アシドーシス，頻脈，心電図の変化に対しては炭酸水素ナトリウムの使用を推奨．投与は血液ガスの結果に基いて行い，血液pHを7.5以上に保つことでTCAによる心毒性を打ち消すことが可能である．
- 対症療法および補助療法

予後

良好

次亜塩素酸ナトリウム

別名

漂白剤(塩素系)

解説/由来

一般的な消毒剤，漂白剤である．

毒性学

次亜塩素酸ナトリウム溶液は，粘膜の炎症を引き起こすが，炎症の程度は摂取した量，粘度，製剤の濃度，接触した時間などにより変化する．次亜塩素酸ナトリウム溶液はアルカリ性だが，大量に摂取するか高濃度の溶液を摂取しない限りは，腐食性の傷害はみられないことが多い．家庭用の漂白剤を少量摂取しただけでは重篤な症状は起こらないと思われる．

危険因子

知られていない．

臨床症状

発症

通常6時間以内，一部の症状は24時間後まで遅延することがある．

代表的な症状

唾液分泌過多，嘔吐，無気力，食欲不振

その他の症状

口腔内・舌の潰瘍，下痢，多飲，吐血，虚脱，嚥下障害，発熱あるいは低体温，呼吸不全，発作．高ナトリウム血症，高塩素性アシドーシス，血清浸透圧の上昇．局所的な暴露により(製剤の濃度にもよるが)その部位に軽度の炎症を引き起こす可能性がある．

治療

- 経口的な水分摂取を推奨(牛乳あるいは水)
- 十分な水和，必要に応じて制吐薬を投与
- 消化器症状を示している動物や，大量に摂取している場合は，電解質と血液ガスを確認する．
- 対症療法および補助療法

あ か し た な は ま や ら わ

予後

良好

シアノアクリル酸系接着剤

別名

強力接着剤

解説/由来

瞬間接着剤，化粧品のネイルの接着剤にも用いられる．

毒性学

シアノアクリル酸系接着剤は，経口摂取したとしても毒性はない．接着した場合は，発熱し，局所の炎症を誘起する可能性がある．ほとんどの事故は，接着剤を点耳薬や点眼薬と間違えて，耳や眼に滴下した場合に生じる．

危険因子

知られていない．

臨床症状

発症

即時

代表的な症状

経口摂取後：局所の炎症，嘔吐，唾液分泌過多．大きな塊を飲み込んだ場合は閉塞のリスクがある．

眼への暴露：疼痛，炎症．角膜上皮の剥離のリスク，眼瞼が接着されてしまうリスクがある．

耳への暴露：疼痛，熱傷，耳道の潰瘍．耳道の閉塞が起こる可能性がある．

治療

経口摂取後

- 経口輸液を与えるほうがよい．

- 歯や口腔の内側にしっかりとくっついている接着剤の塊は，**除去すべきではない**．接着がゆるんでいるものは優しく取り除いてもよい．

眼
- 患部を洗浄する．
- 対症療法および補助療法

耳
- 患部を洗浄する．
- 接着剤は手で取り除くことを推奨するが，完全に除去するには数日かかるかもしれない．

予後

きわめて良好

ジクワット

別名

ジクワット・ジブロミド

解説/由来

非選択系，茎葉散布型接触性除草剤であり，乾燥剤でもある．

毒性学

植物に対しては，ジクワットは超酸化物イオンを生成し，細胞膜や細胞質を傷害する．ジクワットは土壌との接触により不活性化する．毒性は，繰り返される酸化還元サイクルにどれだけ耐えられるかによって決まる．ジクワットはさまざまな経路を介してタンパク質の酸化反応（タンパク質のカルボニル化）を媒介するが，正確なメカニズムは不明である．この物質は消化管内への水分の分泌を促進する．この作用は，ラットを用いた動物実験によると，神経媒介性で，肥満細胞の脱顆粒と窒素酸化物の放出が関与すると考えられている．家庭用製品よりも，農業用製品（より高濃度である）への暴露のほうが，はるかに重度の中毒を引き起こす．家畜における重篤な中毒は一般的ではない．

危険因子

知られていない.

臨床症状

発症

24時間以内だが，農業製品への暴露の場合は延長する可能性がある.

代表的な症状

経口摂取後：下痢，嘔吐，唾液分泌過多．より重度な症例では多飲，食欲不振，腹部不快感

皮膚への暴露：家庭用製品では局所の軽度な炎症．農業製品では重度の炎症，疼痛，化学熱傷を引き起こす可能性

その他の症状

農業用製品への暴露により，口腔内および消化管の潰瘍，口腔粘膜・舌・上部気道の浮腫，閉塞などが生じる．消化管腔内への体液分泌の増加，イレウス，腎不全，傾眠，昏睡，脳浮腫，軽度の肝酵素上昇，汎血球減少，気管支肺炎および肺水腫

治療

- 少量の家庭用製品を経口摂取した場合は，消化管除染は不要と思われる.
- 農業用製品を摂取した場合は，活性炭の繰り返し投与を検討(**除染の章**を参照)
- 適切な場合，中性洗剤とぬるま湯で皮膚を洗い，汚染を除去する(**除染の章**を参照).
- 十分な水和，必要ならば制吐薬の投与．農業用製品が関与している場合は肝機能・腎機能のチェック，心配ならば血液学的検査も行う.
- 呼吸困難の動物に対しては胸部X線撮影を行う.
- 対症療法および補助療法
- 口腔内の炎症が重度の場合，栄養チューブを介した栄養学的なサポートが必要になる可能性がある.

予後

良好

ジヒドロコデイン

解説/由来

オピオイド性鎮痛薬であり，中等度～重度の疼痛の治療のためにヒトで用いられる．一部の製剤には**パラセタモール**も含まれる（co-dydramol）．

毒性学

ジヒドロコデインはコデインの類似化合物だが，薬理活性は3倍強い．アヘン剤は，μ-オピオイド受容体に結合することで効果を発揮する．ジヒドロコデインのμ_1受容体への結合は鎮痛効果を引き起こし，μ_2受容体への結合は呼吸抑制の原因となる．

危険因子

知られていない．

臨床症状

発症

通常6時間以内だが，徐放剤を摂取した場合は遅延する可能性がある．

代表的な症状

無気力，傾眠，嘔吐，運動失調，縮瞳

その他の症状

呼吸抑制，昏睡，徐脈および低体温

治療

- 胃を空にする，活性炭の投与（**除染の章**を参照）
- アポモルヒネは注意深く使用すべきである．
- 呼吸抑制や中枢神経抑制の症状を示す動物にはナロキソンを投与すべきである．ナロキソンは非常に作用時間が短いので，繰り返しの投与が必要になるかもしれない．
- 必要に応じて保温
- 対症療法および補助療法

予後

補助療法を行えば良好

あ
か
し
た
な
は
ま
や
ら
わ

ジャガイモ(*Solanum tuberosum*)

別名

ポテト

解説/由来

一年生植物であり，最大で80cmまで成長する．地下茎の先端がふくれ，塊茎を形成する(ジャガイモ)．農業において重要であり，広く栽培されている．

毒性学

ジャガイモ(*Solanum tuberosum*)は，糖アルカロイドであるα-ソラニンやα-カコニンを含んでいる．これらの物質は，細胞膜を破壊することにより消化器系の症状を引き起こす．動物における致死的な中毒例はまれである．

危険因子

知られていない．

臨床症状

発症

唾液分泌過多，嘔吐，下痢，食欲不振，無気力，運動失調．発症は12時間以上遅延することがある．

Solanum tuberosum の果実
©Elizabeth Dauncey

Solanum tuberosum の花
©Elizabeth Dauncey

代表的な症状

嘔吐，下痢（血下痢のこともある），腹痛，運動失調，食欲不振，無気力

その他の症状

低体温，メレナ，吐血，血尿，虚脱．大きな塊を飲み込んだ場合は食道や消化管の閉塞が起こる可能性がある．

治療

- 熟したジャガイモの摂取については特に介入しなくてもよい．
- 消化管除染は通常，必要ない．自発的に嘔吐が起こるためである．
- 十分な水和，必要に応じて制吐薬の投与
- 対症療法および補助療法

予後

きわめて良好

臭化カリウム

解説/由来

臭化カリウムは犬のてんかんの治療薬であり，単剤で，あるいはフェノバルビタールの補助として用いる．イギリスでは，ヒトに対してはもはや使われていない．

毒性学

臭化物は，生物システム内に存在するハロゲン化物（例えば，神経系および血液中に存在する塩化物，甲状腺内に存在するヨウ化物など）を置換する．

危険因子

知られていない．

臨床症状

発症

臭化物の毒性は亜急性発症～慢性発症で，進行性の経過をたどる．

あ
か
し
た
な
は
ま
や
ら
わ

代表的な症状

嘔吐，下痢，運動失調，協調不全，ふるえ，傾眠

その他の症状

四肢麻痺，見かけ上の高塩素血症

治療

- 急性毒性の場合は，胃を空にし，活性炭を投与する(**除染の章**を参照)．慢性毒性の場合は胃洗浄を行う利点はない．
- 対症療法および補助療法
- 十分な水和
- 重篤な中毒例では，0.9％食塩水の輸液を行う．水和を維持し，利尿による毒物の腎臓からの排泄を促す．
- ループ利尿薬(例：フロセミド)も排泄を促進するために用いられる．

予後

良好

シリカゲル

解説/由来

シリカゲルは，よく使われている乾燥剤で，小さな小袋に入っていることが多い．しばしば電気製品，靴，カメラ，医薬品などの包装の中に入っている．

毒性学

シリカゲルは不活性な物質で毒性はない．シリカゲルの小袋にはしばしばドクロと，骨で作ったバツ印，そして「食べるな」と印字されているものの，これらの警告はシリカゲルが食品ではないということを表しているに過ぎない．

危険因子

知られていない．

臨床症状

発症

該当なし

代表的な症状

ないと思われる.

その他の症状

ないと思われる.

治療

治療の必要はない.

予後

きわめて良好

スイセン属（*Narcissus* species）

別名

ラッパスイセン

解説/由来

ラッパスイセンは多年生植物である. 薄片状の黒ずんだ外皮に包まれた, 肉厚で白色の鱗茎(球根)から成長する. ラッパスイセンは *Narcissus pseudonarcissus* であるが, 多数の変異種や交配種が存在する. 全てのスイセン属の花は中央部分がトランペット状であり, 典型的には黄色, オレンジまたは白色である. 重弁花もみられる. 果実は小さくて緑色のさく果であり, 内部は黒い極小の種子に満たされている.

Narcissus sp.
©Elizabeth Dauncey

毒性学

ラッパスイセンはシュウ酸カルシウム結晶, アルカロイド(特にリコリン), 配糖体を含んでいる. これらの

あ
か
す
た
な
は
ま
や
ら
わ

物質は植物の全ての部位に含まれているが，特に球根に高濃度に含まれる．アルカロイド類には刺激性があり，嘔吐および下痢を引き起こす．シュウ酸カルシウムは機械的な刺激をもたらす物質である．切り花が浸かっていた水を飲んだ場合も軽度の中毒が起こる可能性がある．多くの場合，春この植物が花を咲かせているときか，秋に球根が植えられたときに暴露例はみられる．

危険因子

知られていない．

臨床症状

発症

さまざまである．15分～24時間まで

代表的な症状

唾液分泌過多，嘔吐，下痢

その他の症状

腹部不快感，無気力，沈うつ，発熱．まれに，脱水，虚脱，低体温，低血圧，徐脈，高血糖

治療

- 胃を空にする(除染の章を参照)．
- 十分な水和，必要に応じて制吐薬の投与
- 対症療法および補助療法

予後

きわめて良好

スタチン

別名

HMG-CoA(3-ヒドロキシ-3-メチルグルタリル-コエンザイムA)レダクターゼ阻害薬．例：アトルバスタチン，フルバスタチン，プラバスタチン，ロスバスタチン，シンバスタチン

解説/由来

スタチンは，高コレステロール血症の治療薬としてヒトで用いられる．

毒性学

スタチンは HMG-CoA レダクターゼ(コレステロール合成に関与する酵素)を阻害する．犬では，スタチンの急性毒性は低い．ほとんどの犬は臨床症状を示さない．

危険因子

知られていない．

臨床症状

発症

数時間以内

代表的な症状

急性の過剰摂取によってもほとんど症状はみられないが，嘔吐，下痢，腹痛などが起こることはある．

その他の症状

急性暴露の場合はなし

治療

- 消化管除染の必要はない．
- 対症療法および補助療法

予後

きわめて良好

スピノサド

別名

スピノシンA，スピノシンD

解説/由来

殺虫剤であり，ハエ駆除剤やアリ駆除剤に(通常は低い濃度で)含まれている．猫や犬で，ノミのコント

あ
か
す
た
な
は
ま
や
ら
わ

ロールのために経口投与することもある．

毒性学

昆虫の体内では，スピノサドはニコチン様アセチルコリン受容体を活性化する．妊娠動物においての使用が副作用の発生に関与する，という主張には限定的な根拠しかない．スピノサドは乳汁中に高い濃度で移行する．スピノサドとともに，「適応外の」イベルメクチンを高容量で投与された動物では，イベルメクチン中毒の危険性がある．

危険因子

てんかん．可能性としては，離乳していない幼犬で，母親がスピノサドの暴露を受けている場合

臨床症状

発症

1時間

代表的な症状

嘔吐，食欲不振，下痢，多飲，無気力あるいは過活動，啼鳴

その他の症状

てんかんを持つ犬では発作が起こる可能性がある．

治療

- 消化管除染は，てんかんを持つ犬を除き必要ではない．
- てんかんを持つ犬では胃を空にし，活性炭を投与(除染の章を参照)
- 対症療法および補助療法

予後

きわめて良好．てんかんを持つ動物では良好

スルホニルウレア

別名

例：クロルプロパミド，グリベンクラミド（グリブリド），グリクラジド，グリメピリド，グリピジド，トルブタミド

解説/由来

インスリン非依存型糖尿病のヒトで血糖値を下げるために用いる．

毒性学

スルホニルウレアは，膵島の機能性β細胞を直接刺激し，速やかにインスリンを放出させ，その結果として血糖値を下げる．

危険因子

知られていない．

臨床症状

発症

さまざまであり，予測できない．最大で24時間

代表的な症状

低血糖による嘔吐，腹部不快感，興奮，頻脈

その他の症状

昏睡，低カリウム血症，発作，代謝性アシドーシス，脳浮腫，低血圧，心血管虚脱

治療

- 胃を空にする，活性炭の投与（除染の章を参照）
- 十分な水和
- 血糖値と電解質を頻繁にモニターする．
- グルコース（デキストロース）の静脈内投与を必要に応じて行う．
- 対症療法および補助療法

予後

補助療法を行えば良好

セイヨウキヅタ(*Hedera helix*)

別名

ツタ，ヘデラ

解説/由来

森林，公園，庭でよくみられる在来植物である．葉は暗い緑色で，明るい緑色の葉脈と，しばしば黄色のまだら模様がある．小さい黄緑色の花を8～11月に咲かせる．果実は小さくて黒く，集塊状である．

毒性学

植物の全ての部分に毒性があり，特に葉と果実に多い．葉にはサポニンが含まれている．サポニンは粘膜を刺激する物質である．アレルギーを引き起こす物質であるファルカリノールとジデヒドロファルカリノールも含まれている．

危険因子

知られていない．

臨床症状

発症

数時間以内

代表的な症状

唾液分泌過多，嘔吐，下痢，腹痛

その他の症状

アレルギー性接触皮膚炎

Hedera helix.
©Elizabeth Dauncey

治療

- 消化管除染の必要はない．
- 十分な水和，必要に応じて制吐薬の投与
- 対症療法および補助療法

予後

きわめて良好

セイヨウトチノキ（*Aesculus hippocastanum*）

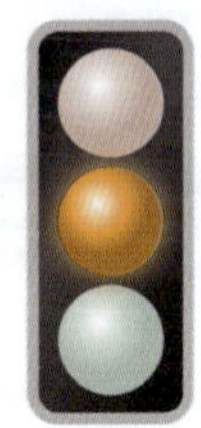

別名

ウマグリ（Horse chestnut），conker，マロニエ

解説/由来

約25mに成長する落葉樹で，公園や市街地でよくみられる．果実は，大きくてトゲのある緑・黄色～茶色のさく果で，光沢のある茶色の種（トチの実，Conker）を一つ以上含む．果実は8～10月に熟する．

毒性学

植物の全ての部分にエスクリンとサポニン配糖体を含む．樹皮，葉および花が最も毒性が高い．種はでんぷんと約5％のエスクリンを含有する．

トチの実（*Aesculus hippocastanum*）．©Elizabeth Dauncey

危険因子

知られていない．

臨床症状

発症

通常6時間以内

代表的な症状

嘔吐，下痢，唾液分泌過多，腹部圧痛，多飲，食欲不振，脱水

その他の症状

消化管の閉塞が起こる可能性がある．

治療

- 自発的な嘔吐がしばしば起こるため消化管除染は通常，不要
- 十分な水和，必要ならば制吐薬の投与
- 対症療法および補助療法

予後

良好

あ
か
せ
た
な
は
ま
や
ら
わ

セイヨウナナカマド（*Sorbus aucuparia*）

別名

ローワン，マウンテンアッシュ

解説/由来

イギリス全土で一般的にみられる落葉樹である．5～6月にかけてクリーム色の花を咲かせる．果実はオレンジ～赤(時に黄色)で，8月以降に熟し，12月まで樹上に留まる．

毒性学

この植物にはシアン配糖体のアミグダリン，パラソルビン酸(粘膜の刺激作用を持つ)が含まれている．これらの物質の濃度は非常に低いため，消化器症状よりも強い症状を引き起こすことはまれである．

危険因子

知られていない．

Sorbus aucuparia.
©Elizabeth Dauncey

臨床症状

発症

しばしば8時間以内，最大で24時間まで遅延することがある．

代表的な症状

嘔吐，下痢，唾液分泌過多

その他の症状

血下痢

治療

- 消化管除染の必要はない．
- 対症療法および補助療法

予後

良好

セイヨウヒイラギ(*Ilex aquifolium*)

別名

ヒイラギ

解説/由来

ありふれた常緑の低木であり，葉が特徴的である(光沢があり，丈夫でしなやかで，暗緑色を呈し，辺縁にトゲがある)．果実(雌の木のみでみられる)は丸くて多肉質で，通常は鮮やかな赤色，時に黄色や黒色を呈し，集塊状に育つ．この植物は一般に，家庭でのクリスマスの装飾によく使われている．

毒性学

葉と果実には，局所の粘膜への刺激性を有する物質　サポニンが含まれる．葉と果実，茎にはシアン配糖体も含まれている．犬における重篤な中毒例はまれである．

危険因子

知られていない．

Ilex aquifolium.
©Elizabeth Dauncey

臨床症状

発症

通常2～3時間以内

代表的な症状

嘔吐，下痢，唾液分泌過多，食欲不振，沈うつ

その他の症状

なし

治療

- 消化管除染の必要はない．
- 十分な水和，必要に応じて制吐薬の投与
- 対症療法および補助療法

予後

きわめて良好

洗剤

別名

両性界面活性剤，陰イオン界面活性剤，非イオン界面活性剤，陽イオン界面活性剤

解説/由来

多くの家庭用洗浄剤の主成分である．全身への影響はまれ．陽イオン界面活性剤は殺菌剤によく使われている．

毒性学

洗剤による影響は，洗剤の刺激性に起因する．陽イオン界面活性剤は，その他の種類の洗剤よりも危険性が高く，腐食性が認められることもある．

危険因子

知られていない．

臨床症状

発症

通常12時間以内だが，高濃度の溶剤に暴露した場合はより早くなる．

代表的な症状

経口摂取後：唾液分泌過多，嘔吐，食欲不振，下痢，舌や口腔粘膜の潰瘍

皮膚への暴露：紅斑，炎症，脱毛，接触性皮膚炎．高濃度の溶剤の場合は化学熱傷を引き起こすことがある．

その他の症状

高濃度の溶剤，あるいは陽イオン界面活性剤の場合は，発熱，呼吸への影響，食道の潰瘍，誤嚥のリスクがある．

治療

- **消化管除染は推奨されない．**
- 適切な場合，皮膚をぬるま湯で洗い除染(**除染の章**を参照)
- 十分な水和，必要ならば制吐薬の投与

- 必要に応じて鎮痛薬の投与
- 呼吸器症状がみられる場合，肺音を確認し，必要に応じて胸部X線を撮影する．
- 対症療法および補助療法
- 口腔内の潰瘍が重度の場合，栄養学的なサポートが必要になる可能性がある．

予後

良好

選択的セロトニン再取り込み阻害薬(*SSRI*)抗うつ薬

別名

例：シタロプラム，ダポキセチン，エスシタロプラム，フルオキセチン，フルボキサミン，パロキセチン，セルトラリン

解説/由来

抗うつ薬である．ダポキセチンはヒトで早漏の治療に用いられる．動物でも行動異常の治療に用いられる．

毒性学

これらの薬剤は，選択的セロトニン再取り込み阻害薬(SSRIs)であり，ノルアドレナリン(NA)，ドーパミン(DA)およびγ-アミノ酪酸(GABA)を取り込む作用は全くないか，ごくわずかである．

危険因子

知られていない．

臨床症状

発症

通常4時間以内

代表的な症状

傾眠，無気力，時に多動や興奮

あ
か
せ
た
な
は
ま
や
ら
わ

その他の症状

嘔吐，落ち着きのなさ，頻脈，ふるえ，散瞳．発作はまれ．セロトニン症候群の危険がある．

治療

- 胃を空にする，活性炭の投与(**除染の章**を参照)
- 発作と長期にわたる頻脈に対してはジアゼパムを用いる．
- 対症療法および補助療法
- シプロヘプタジンはセロトニン症候群の治療薬として選択される．**用量**：1.1mg/kg経口あるいは経直腸，1〜4時間ごとに，症状が消えるまで

予後

きわめて良好

センナ

解説/由来

植物由来のヒト用の便秘薬であり，処方箋なしで買うことができる．**メモ**：一部の製品にはチョコレートが使われている(**チョコレート**参照)．

毒性学

センナは大腸で微生物によって代謝され，薬理学的に活性がある物質へと変換され，消化管の運動性を亢進させる．消化管の通過時間を短縮し，結腸による水分の吸収を防ぐことにより，頻回の水様便をもたらす．この成分に対する犬の反応は，非常にさまざまである．

危険因子

知られていない．

臨床症状

発症

通常6〜12時間

代表的な症状

下痢，嘔吐，腹部不快感

その他の症状

大量の液体喪失により電解質の乱れが生じる可能性がある．

治療

- 消化管除染の必要はない．
- 水が飲めるようにしておく．
- 重篤な症例では静脈内輸液が必要になるかもしれない．
- 対症療法および補助療法

予後

きわめて良好

ゾピクロン

猫の場合は155ページを参照

解説/由来

シクロピロロン系催眠剤であり，ヒトの不眠症の短期的な治療に用いる．

毒性学

ゾピクロンはベンゾジアゼピン類とは関連がない．神経伝達物質γ-アミノ酪酸(GABA)受容体に作用するが，ベンゾジアゼピン類とは作用部位が異なる．鎮静作用，抗けいれん作用および筋弛緩作用を持つ．この薬剤に対する動物の反応はさまざまで，用量に依存しない．

危険因子

知られていない．

臨床症状

発症

通常4時間以内

代表的な症状

傾眠，運動失調，無気力，嘔吐

その他の症状

上記と矛盾するが，一部の犬では過活動，知覚過敏，唾液分泌過多，頻脈，興奮，攻撃，発熱がみられることがある．低血圧，昏睡，呼吸不全がヒトでは報告されている．

治療

- 胃を空にする，活性炭の投与(**除染の章**を参照)
- 重度の呼吸抑制あるいは中枢神経抑制がみられる動物では，フルマゼニルの投与を検討するが，必要になることはまれである．**用量**：0.01〜0.02mg/kg i.v.必要に応じて30分ごとに繰り返す．
- 対症療法および補助療法

予後

良好

チョコレート

解説/由来

テオブロミンを含む菓子．テオブロミンは，メチルキサンチン類であり，カカオ(*Thebroma cacao*)に含まれる主要なアルカロイドである．**メモ**：チョコレート製品にはその他の毒性物質，例えばレーズン(**ブドウ**参照)，ピーナッツ(**落花生**参照)，コーヒー豆(**カフェイン**参照)が含まれることがある．

毒性学

メチルキサンチン類は，細胞のアデノシン受容体に拮抗することで中枢神経系を興奮させる．また，細胞のカルシウム再取り込みを阻害することにより，心筋と骨格筋両方の収縮性を増加させる．テオブロミンの濃度は，ミルクチョコレートよりダークチョコレートのほうが高い．ホワイトチョコレートは，非常にテオブロミン濃度が低い．カカオ豆，ココアパウダー，カカオ殻マルチは非常に高濃度のテオブロミンを含む．

危険因子

知られていない.

臨床症状

発症

通常2～4時間以内，時には6～12時間

代表的な症状

嘔吐，腹部圧痛，唾液分泌過多，多飲，多尿，興奮，頻脈(しばしば徐脈)，運動失調，軽度の高血圧

その他の症状

筋硬直，ふるえ，発作，頻呼吸，発熱，チアノーゼ，不整脈，腎機能障害

治療

- ミルクチョコレートを体重1kgあたり14g以上食べた場合，あるいはダークチョコレートを体重1kgあたり3.5g以上食べた場合は，胃を空にして，活性炭の繰り返し投与(除染の章を参照)
- 十分な水和，必要ならば制吐薬の投与
- 鎮静薬が必要になる場合がある.
- 頻脈が重度あるいは長引いた場合，β遮断薬(例：アテノロール，プロプラノロール)が必要になる場合がある.
- 対症療法および補助療法

予後

良好

ツツジ属(*Rhododendron* species)

別名

シャクナゲ，アザレア

解説/由来

頑健な，常緑ないし落葉性の低木あるいは高木である．野外でみられることもあり，観葉植物・温室植物としてもよくみられる．花は釣鐘状または漏斗状であ

り，集塊状に咲く．花の色はさまざまで，白色〜赤色，ピンク，紫色などがある．

Rhododendron sp.
©Elizabeth Dauncey

毒性学

植物の全ての部分に毒性があり，グラヤノトキシン類と呼ばれるいくつかのジテルペンレジノイドを含んでいる．これらの物質は細胞膜に存在する開口および閉鎖Naチャネルの受容体に結合し，Naチャネルを修飾して開口の速度を遅くする．

危険因子

知られていない．

臨床症状

発症

20分〜2時間

代表的な症状

唾液分泌過多，嘔吐，下痢，食欲不振，腹部圧痛，ふるえ，ふらつき，無気力，虚弱，徐脈，低血圧，疲労

その他の症状

犬では致死例はきわめてまれだが，その場合は呼吸不全による．

治療

- 胃を空にする，活性炭の投与(**除染の章**を参照)
- 十分な水和，必要ならば制吐薬の投与
- アトロピンはグラヤノトキシンの心臓への作用に部分的に拮抗する．そのため，重度の徐脈を呈する動物では使用を検討する．
- 対症療法および補助療法

予後

良好

ディフェンバキア属(*Dieffenbachia species*)

別名

Dumb Cane(口のきけない茎), Leopard lily, カスリソウ

解説/由来

人気のある観葉植物である. 2mまで成長することもあるが, 通常はもっと小さい. まだら模様の葉が特徴であり, 通常は長さ10〜25cm, 光沢のある深緑色〜淡い緑色, 黄色, 白あるいは銀色を呈する.

毒性学

植物の全ての部分に毒性がある. 主要な毒成分はシュウ酸カルシウムと, ダムバインと呼ばれるタンパク質分解酵素である. 非水溶性のシュウ酸カルシウム結晶は, 組織を機械的に刺激するので, 他の炎症物質や刺激物質が傷害組織に侵入しやすくなる.

Dieffenbachia maculata.
©Elizabeth Dauncey

危険因子

知られていない.

臨床症状

発症

通常2時間以内

代表的な症状

咽頭粘膜の炎症と水疱が生じる結果, 唾液分泌過多, 浮腫, 時に嚥下障害を引き起こす. 嘔吐, 悪心, 下痢

その他の症状

重度の口腔内の潰瘍および壊死. 浮腫は気道を閉塞し, 呼吸不全を引き起こす可能性がある.

治療

- 消化管除染の必要はない.
- 症状を示していない動物ならば, 自宅での様子観察が可能なこ

ともある．症状がみられる場合は，診察および評価を受けるべきである．

- 十分な水和
- 症状を示す動物には，胃粘膜保護剤（**小動物の処方集**参照）と非経口的な鎮痛薬の投与が推奨される．
- 対症療法および補助療法
- 口腔内の潰瘍が重度の場合，栄養学的なサポートが必要になる可能性がある．

予後

良好．重度の口腔内潰瘍がみられる症例では慎重

鉄

別名

硫酸第一鉄，フマル酸第一鉄，グルコン酸第一鉄，リン酸第二鉄

解説/由来

鉄欠乏症の治療に用いられる．鉄塩は，芝生用の苔駆除薬にもよく含まれている（**肥料**と混合して使われることもある．例：芝生の栄養剤や除草剤）．

毒性学

通常の状態では，食餌から吸収される鉄の量は，身体が鉄をどのくらい要求しているかによって決まる．鉄を排泄するための特異的な機構は存在しない．鉄を過剰摂取した場合，消化器のバリア機能が破綻すると，大量の鉄が速やかに循環に入り込む．遊離鉄は自由に循環し，細胞に分布して，生理機能を撹乱する．

危険因子

知られていない．

臨床症状

発症

初期症状は6時間以内．遅発性の症状は24時間以降．摂取後6～

24時間の間は，一見回復したようにみえることがある.

代表的な症状

初期はひどい嘔吐，下痢，消化管出血，脱水．鉄はX線不透過性なので，摂取した事実を明らかにするためにX線撮影を行う.

その他の症状

後に，ショック，昏睡，塞栓症，肝不全および腎不全

治療

- 胃を空にする(除染の章を参照).
- 活性炭は有用ではない.
- 積極的な静脈内輸液，腎機能と肝機能のモニター
- 必要に応じてデフェロキサミン(キレート剤)の投与
- 対症療法および補助療法

予後

症状が軽度の症例ではほとんどの場合良好だが，出血やショックがみられる症例では慎重

トラマドール

猫の場合は156ページを参照

解説/由来

トラマドールはオピオイド性鎮痛薬であり，軽度～中等度の疼痛の治療に用いられる.

毒性学

トラマドールは，オピオイド受容体に対する親和性は低いが，μ受容体に対していくらかの選択性を持つ．主な鎮痛効果はノルアドレナリンとセロトニンの再取り込みを抑制することによると考えられている.

危険因子

知られていない.

臨床症状

発症

通常2時間以内だが，徐放剤を摂取した場合は遅延する可能性がある．

代表的な症状

傾眠，無気力，沈うつ，運動失調，嘔吐，唾液分泌過多

その他の症状

チアノーゼ，低体温，昏睡，発作などが起こる可能性はあるが，犬でトラマドール摂取後に重篤な中毒症状が生じることはきわめてまれ

治療

- 胃を空にする，活性炭の投与(除染の章を参照)
- 必要に応じて体を温める．
- 重度の呼吸抑制あるいは中枢神経抑制に対してナロキソンを用いることがある．
- 対症療法および補助療法

予後

良好

鉛

解説/由来

至る所で使われる金属である．一般的には鉛のカーテンや釣りの重り，鉛の散弾，鉛の雨仕舞，鉛含有塗料などに含まれている．

毒性学

鉛は多くの酵素系に干渉する．特にスルフヒドリル基を持つ酵素へは強く影響する．鉛は，ヘム合成阻害などのさまざまな作用をもたらす．中枢神経作用の正確な機序は不明だが，おそらくは細胞内カルシウム機能への干渉を伴うと考えられている．鉛化合物の毒性は，溶解度によって異なる．

危険因子

若齢

臨床症状

発症

さまざまである．用量，期間，犬の年齢，鉛の体内負荷量などにより変化する．

代表的な症状

さまざまである．典型的には消化器および神経に作用し，食欲廃絶，嘔吐，唾液分泌過多，疝痛，下痢ないし便秘，知覚過敏，虚弱，無気力，貧血，ふるえ，ひきつり，発作などを引き起こす．

その他の症状

多尿，多飲，体重減少，眼振，失明，行動の変化，運動失調，昏睡

治療

- **銃創を受けた動物はまず安定化させるべきである．鉛の除去は，必要に応じて後ほど行う．**
- X線撮影により摂取したこと(あるいは体内に把持された弾丸そのもの)を証明できる．
- 消化管内に鉛が存在する場合は緩下剤を推奨
- 血液中の鉛濃度をモニターする．
- 血中の鉛濃度の上昇と，中毒症状の両方あるいはどちらか一方でも呈している場合は，キレート療法を推奨
- 鉛脳症の徴候を示す動物では，治療は補助的である．

予後

症状がない動物では良好．鉛脳症の動物では慎重

あ
か
さ
た
に
は
ま
や
ら
わ

ニコチン

解説/由来

ニコチンはタバコ(*Nicotiana species*)由来の植物アルカロイドである．紙巻タバコ，葉巻，刻みタバコ，かぎタバコ，電子タバコおよびニコチン置換療法用の製剤に含まれている．**メモ**：一部のニコチン置換療法用製剤には人工甘味料の**キシリトール**も含まれている．

毒性学

ニコチンはコリン作動性効果を持ち，短時間のみ中枢神経系を刺激し，その後抑制する．

危険因子

知られていない．

臨床症状

発症

通常15～90分

代表的な症状

嘔吐，唾液分泌過多，可視粘膜蒼白，運動失調，ふるえ，頻脈，頻呼吸，高血圧．その後，徐脈，呼吸抑制，低血圧

その他の症状

発作，昏睡，心室性不整脈

治療

- 胃を空にする，活性炭の投与(**除染の章**を参照)
- 対症療法および補助療法

予後

良好

ニテンピラム

猫の場合は160ページを参照

解説/由来

ニテンピラムはネオニコチノイド系殺虫剤であり，猫および犬において，ノミをコントロールする目的で経口投与する．

毒性学

ニテンピラムは昆虫のニコチン様アセチルコリン受容体を阻害するが，アセチルコリンエステラーゼは阻害しない．哺乳類においてはニテンピラムの毒性は低いと考えられている．犬は薬用量の10倍の投与にも忍容性を示す．

危険因子

知られていない．

臨床症状

発症

1～2時間

代表的な症状

ひっかき行動の増加，唾液分泌過多，嘔吐および下痢．不快感および身震い

その他の症状

多動

治療

- 消化管除染は重篤な症状が予想されるとき以外は必要ない．
- 対症療法および補助療法

予後

良好

ニトロスカナート

猫の場合は161ページを参照

解説/由来

ニトロスカナートは，イソチオシアン酸駆虫薬であり，犬で用いられる．

毒性学

ニトロスカナートは，200mg/kgまで増量しても，通常は良好な忍容性を示す．症状は用量依存性ではなく，薬用量や，ほんの少しの過剰摂取でも起こることがある．

危険因子

知られていない．

臨床症状

発症

1～12時間

代表的な症状

運動失調，嘔吐，傾眠

その他の症状

虚弱，肝酵素上昇，食欲不振，下痢，頻脈，斜頸が起こる可能性がある．ふるえ，発熱が数例で報告されている．

治療

- 消化管除染は多量摂取でない限り必要ではない．
- 対症療法および補助療法
- 多量に摂取した場合は肝機能を測定する．

予後

良好

ネギ属（*Allium* species）

解説/由来

大部分は多年生の，球根から生じる植物から成る巨大な分類群．*Allium Ampeloprasum*（リーキ），*Allium cepa*（タマネギ，エシャロット），*Allium fistulosum*（ネギ），*Allium moly*（キバナギョウジャニンニク），*Allium sativum*（ニンニク），*Allium schoenoprasum*（チャイブ，和名はアサツキ），*Allium ursinum*（野生ニンニク，森ニンニク，ラムソン），*Allium vineale*（野ニラ，ワイルドガーリック，crow garlic），観賞用タマネギなど．傷つけたり砕いたりすると，特徴的な強い香りを発する．多くの種の葉や球根は料理に用いられる（生，乾燥，粉末）．また，一部は装飾花としても育てられている．

毒性学

ネギ属（アリウム属）は，さまざまなオルガノスルホキシドを含有している．植物が傷つくと，これらの物質はさまざまな有機硫黄化合物へと変換される．有機硫黄化合物は赤血球内のグルコース-6-リン酸脱水素酵素（G6PD）を枯渇させるため，ハインツ小体の形成と貧血を引き起こす．

危険因子

日本ないし韓国産の品種

Allium sp.
©Elizabeth Dauncey

臨床症状

発症

しばしば24時間以内だが，多いのは数日後

代表的な症状

消化器症状（食欲不振，嘔吐，腹部不快感，下痢），ハインツ小体性貧血

その他の症状

メトヘモグロビン血症，黄疸

治療

- 胃を空にする，活性炭の投与（除染の章を参照）

- 血液学的パラメーターをモニターする．
- 十分な水和
- 対症療法および補助療法

予後

良好

バクロフェン

解説/由来

バクロフェンは筋弛緩薬であり，ヒトの慢性筋けいれんの治療や筋攣縮の管理に用いられる(例：多発性硬化症，脊髄損傷，脳性小児麻痺)．

毒性学

バクロフェンは中枢神経系の反射を抑制し，その効果は脊髄でより顕著である．バクロフェンはシナプス前のγ-アミノ酪酸-B(GABA-B)受容体と結合し，神経伝達物質の放出を減少させる．この作用はおそらくシナプス前細胞におけるカルシウムイオンの流入減少によるものである．また，バクロフェンは，シナプス後細胞への作用も有していると考えられ，カリウムイオンの透過性を増加させることで，神経細胞の興奮性を調整する．

危険因子

知られていない．

臨床症状

発症

急速，通常は摂取から1時間以内

代表的な症状

興奮，唾液分泌過多，縮瞳，啼鳴，虚弱，運動失調，ひきつり，ふるえ，徐脈，可視粘膜蒼白，傾眠，嚥下反射の喪失，虚脱

その他の症状

チアノーゼ，昏睡，発作，ショック，低体温，頻脈，呼吸困難および低換気

治療

- 胃を空にする，活性炭の投与(**除染の章**を参照)
- 筋振戦の場合や発作のコントロールのために，ジアゼパムあるいはアセプロマジンが必要になることがある．
- 人工呼吸が必要になる場合がある．
- その他の治療に反応しない重篤な症例では脂肪乳剤の静脈内注射を検討する．
- 対症療法および補助療法

予後

慎重

バッテリー(電池)

解説/由来

計算機やゲーム機，時計，補聴器，撮影機器，リモコン，携帯電話やポケットベルなどの電力供給機器である．主な化学成分から主に五つに分類される．すなわち水銀電池，リチウム電池，アルカリ-マンガン電池，銀電池，空気亜鉛電池の5種類．ほとんどの電池は，化学成分にかかわらず水酸化アルカリ液を含有する．

毒性学

電池は，電撃熱傷や化学的熱傷(電流に誘起されたアルカリ物質の産生ないしアルカリ性内容物の漏出による)，化学毒性(漏れた内容物の吸収による)の原因となる可能性がある．小さなボタン電池・ディスク状の電池は水銀を含むことがあり，吸収した場合は水銀毒性を引き起こす可能性がある．重篤な影響はまれで，損傷を受けなかった電池のほとんどは消化管を通過する．

危険因子

知られていない．

臨床症状

発症

さまざまである．電池を噛んだのか，丸ごと飲み込んだのかにもよる．

代表的な症状

唾液分泌過多，嘔吐

その他の症状

口腔内や舌の炎症，潰瘍，熱傷，腹部不快感，メレナ．食道内に詰まった場合，穿孔のリスクがある．

治療

- 電池の種類を確かめる．
- **催吐をしてはいけない．**
- 症状を示していない動物ならば，自宅での様子観察が可能なこともある．
- 炎症の徴候がみられる場合は消化管保護剤と鎮痛薬を投与してもよい．
- 電池が詰まっている，あるいは重篤な消化器症状がみられる場合，X線検査を行い，電池の位置と状態を確認する．
- 電池が胃の中にあり，臨床症状が重篤ならば，内視鏡あるいは外科手術により除去することが可能
- 電池が食道に詰まっている場合，即座に取り除くべきである．

予後

良好

発泡フォーム

別名

ポリウレタンフォーム

解説/由来

日曜大工(DIY)や建築に用いられる製品で，填隙剤，絶縁体，密閉剤として使用される．通常，エアゾール缶(手で持って使用する)や，チューブ(手持ちのアプリケーターガンの一部)に充填された形で入手できる．多数のイソシアン酸塩類(一般的にはジフェニルメタンジイソシアネートだが，トルエンジイソシアネートやヘキサメチレンジイソシアネートも含む)が用いられている．ジイソシアネートとウレタンの反応時に発熱がみられ，結果としてウレタンの重合と硬化が起こる．

毒性学

発泡フォームを経口摂取しても，全身的な毒性は起こらないと思われる．胃でフォームが膨張することによる閉塞の危険がある．胃内異物としては，ジフェニルメタンジイソシアネートを含有するポリウレタン系接着剤でのみ報告されているようだが，発泡フォームにも潜在的なリスクはある．硬化したフォーム(例：セットフォーム)には毒性はみられないが，やはり閉塞を引き起こす可能性がある．

危険因子

知られていない．

臨床症状

発症

さまざまだが，12時間以内に起こることが多い．

代表的な症状

経口摂取後：嘔吐，吐血，食欲不振，下痢，無気力，沈うつ，腹部不快感，腹部膨満

局所への暴露：フォームは皮膚上で急速に固まる．局所の炎症が生じる可能性がある．

その他の症状

軽度の胃の充血および潰瘍，胃の穿孔

治療

経口摂取後

- **消化管除染は推奨されない．**
- 最初は経口輸液や食餌を**与えないこと**．
- 消化器系の合併症が現れないか，摂取後24時間にわたりモニターすること．
- 消化管保護剤を推奨(小動物の処方集参照)
- 消化管閉塞が疑われる場合は画像検査が必要になることがある．胃や腸の閉塞物を可視化するために造影を行うこともある．
- 消化管閉塞が疑われる場合は胃切開が必要になることがある．

局所への暴露

- 一度固まってしまうと，フォームを取り除くのは非常に難しい．
- 洗剤や植物性油での洗浄が有効かもしれないが，そうでなければ放置するのが一番よい．

- 必要に応じて被毛をカットする．

予後

良好

パラセタモール

猫の場合は163ページを参照

別名

アセトアミノフェン

解説/由来

非麻薬性鎮痛薬であり，一般に経口用の鎮痛薬と組み合わせて用いられる．

毒性学

パラセタモールは，肝臓でグルクロン酸抱合，硫酸抱合，酸化などの代謝を受ける．グルクロン酸抱合体と硫酸抱合体は毒性を示さない．硫酸抱合およびグルクロン酸抱合の経路は，高容量のパラセタモールを摂取すると飽和し，酸化反応がより多くなる．その結果として高い反応性を持つ代謝産物が生成され，グルタチオンを枯渇させるとともに，細胞内の巨大分子に結合して細胞死をもたらす．さらに，この代謝産物はメトヘモグロビンの生成とハインツ小体の形成をもたらし，赤血球の細胞膜を変性させる．

危険因子

- 栄養失調
- 食欲不振
- 薬物代謝酵素誘導薬との併用

臨床症状

発症

4～12時間以内，肝酵素の上昇は24時間以内に始まる．

代表的な症状

肝細胞壊死とメトヘモグロビン血症に由来する症状(嘔吐，沈うつ，茶色い可視粘膜，頻脈，頻呼吸，呼吸不全および低体温．顔面や肉球の浮腫もみられることがあるが，猫よりは少ない．

その他の症状

血色素尿，腎不全

治療

- 胃を空にする，活性炭の投与(**除染の章**を参照)
- アセチルシステインはパラセタモールの解毒剤であり，毒性代謝産物と結合し，グルタチオン前駆体として作用する．
- 肝機能および腎機能のモニター
- メトヘモグロビン血症の場合はビタミンC，硫酸ナトリウム(濃度1.6%, 50mg/kg, i.v. 4時間おき，最大24時間まで)，メチルチオニニウム塩化物(メチレンブルー)を必要に応じて用いる．
- 呼吸不全に対して酸素の投与
- 対症療法および補助療法

予後

慎重．アセチルシステインでの治療は効果的だが，迅速で積極的な管理が必要不可欠である．

バルビツレート

別名

例：ペントバルビタール，フェノバルビタール，プリミドン

解説/由来

バルビツレートは，抗けいれん薬，鎮静薬，麻酔薬として用いられる．ペントバルビタールは安楽死の用途でも使用される．

毒性学

バルビツレートは可逆的に全ての興奮性組織を抑制する．また，末梢神経系にも作用し，自律神経節における伝達を低下させ，コリンエステル類によるニコチン性の興奮作用を抑制する．バルビツレートは鎮静用量では心血管系への作用はほとんどないが，過剰投

与では心臓の収縮性を直接抑制する．消化管ではバルビツレートは筋緊張を弱め，律動的な収縮の幅を小さくし，消化管の運動性を低下させる．

危険因子

知られていない．

臨床症状

発症

通常1〜8時間，多くは4〜6時間

代表的な症状

中枢神経の抑制による傾眠，運動失調，見当識障害，低体温．重篤な症例では，昏睡，呼吸不全，低血圧，心血管虚脱．消化管運動性の低下とイレウスもみられる．

その他の症状

腎不全，貧血，白血球減少症，血小板減少症，一過性のPCVとヘモグロビンの減少

治療

- 胃を空にする，活性炭の投与(除染の章を参照)
- 可能なら呼吸と血圧をモニターする．
- 昏睡した動物への一般的なケア(バイタルサインのモニターと定期的な体位変換)
- 保温処置が必要になるかもしれない．
- 重篤な中枢神経系の抑制がみられる動物では，全血球計算および肝機能のモニター
- ドキサプラムは呼吸および循環系を刺激するために用いることができるが，その作用は一時的である．
- 呼吸不全を示す動物では，必要に応じて人工換気による酸素の投与
- 低血圧の症例に対しては静脈内輸液を用いる．
- 対症療法および補助療法

予後

補助療法を行えば良好

バルプロ酸ナトリウム

解説/由来

バルプロ酸ナトリウムは，抗てんかん薬であり，全ての種類のてんかんに対して，および偏頭痛の予防のためにヒトで用いられる．

毒性学

γ-アミノ酪酸(GABA)トランスアミナーゼを阻害することによって，GABAを増やすと考えられている．電位依存性ナトリウムチャネルも抑制する．

危険因子

知られていない．

臨床症状

発症

典型的には1～3時間以内

代表的な症状

嘔吐，運動失調，無気力，傾眠，多動，ふるえ

その他の症状

なし

治療

- 胃を空にする，活性炭の投与(除染の章を参照)
- 十分な水和

予後

良好

ヒアシンス（*Hyacinthus orientalis*）

別名

ヒヤシンス

解説/由来

家庭あるいは庭園でよく栽培される植物である．球根は卵形で，直径約6～8cm，つやのある薄い外皮(紫ないし白色)を持つ．葉は通常光沢がある．ヒアシンスの花はピンク，白，青，紫，薄い黄色などで，強い香りを持つ．

毒性学

この植物は，さまざまなヒガンバナアルカロイドを含んでいる．これらのアルカロイドは嘔吐を引き起こすことが知られている．球根には最大6%のシュウ酸カルシウムが含まれており，この結晶は機械的刺激をもたらす．この植物由来の油は，ヒトで皮膚炎を引き起こす．

危険因子

知られていない．

臨床症状

発症

数時間以内

代表的な症状

嘔吐，悪心，下痢，無気力

その他の症状

腹部膨満

Hyacinthus orientalis.
©Elizabeth Dauncey

治療

- 消化管除染の必要はない．
- 十分な水和

予後

きわめて良好

ヒアシントイデス属（*Hyacinthoides* species）

別名

ブルーベル，ツリガネスイセン

解説/由来

球根性の多年生植物であり，イギリスおよびアイルランド中の森林，生け垣，湿性草原に自生する．また，栽培も広く行われている．花は青〜すみれ色で，4〜6月にかけてみられる．果実は卵形のさく果であり，1〜3個の種子を含んでおり，5〜7月にかけて熟する．**メモ**：イングリッシュ・ブルーベル（*Hyacinthoides non-scripta*），スパニッシュ・ブルーベル（*Hyacinthoides hispanica*），イタリアン・ブルーベル（*Hyacinthoides italica*）

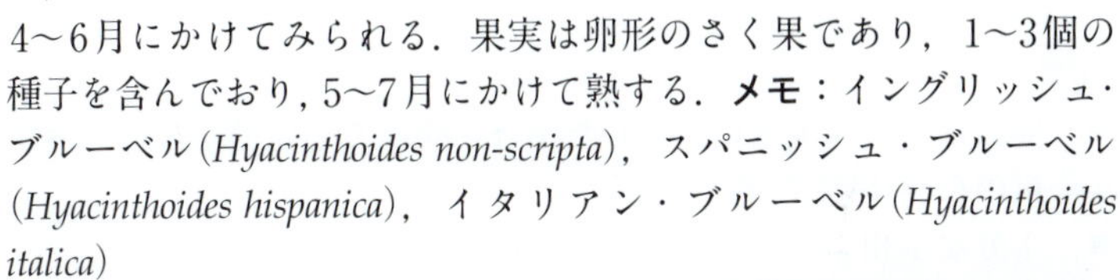

毒性学

植物の全ての部分（球根を含む）にシラレンと呼ばれる強心配糖体を含む．この物質は構造的にジギタリス（*Digitalis* species）に含まれる強心配糖体と類似している．この植物に含まれる強心配糖体は通常前駆体であり，活性化には酵素による加水分解を必要とする．多くの主な配糖体はあまり消化管から吸収されず，この植物を経口摂取することで中毒量に達することはまれである．強心配糖体は陰性変時作用および陽性変力作用を有する．結果として，心筋の収縮頻度は減少し，収縮力は増強される．また強心配糖体は，ナトリウムの細胞外領域への流出を阻害することで，脱分極の間に放出可能なカルシウムの量を増加させ，収縮力を増強する．ブルーベルの摂取による重篤な中毒は，犬ではまれである．

Hyacinthoides hispanica.
©Elizabeth Dauncey

危険因子

知られていない．

あ
か
さ
た
な
ひ
ま
や
ら
わ

臨床症状

発症

数時間以内

代表的な症状

消化器および心臓への作用が生じる．嘔吐，下痢（血下痢のことがある），腹部不快感，無気力，沈うつ，徐脈あるいは頻脈

その他の症状

協調不全，幻覚，高カリウム血症，無尿，心電図の変化

治療

- 催吐は非常に大量に摂取した場合を除いて必要ではない．活性炭の投与（除染の章を参照）
- 十分な水和
- 重症例では心電図と電解質を確認する．
- 徐脈と房室ブロックがみられる場合，アトロピンが必要になるかもしれない．
- 心室性頻拍の場合はリドカインで治療する．

予後

きわめて良好

ヒキガエル毒（蟾酥）

猫の場合は165ページを参照

解説／由来

イギリスには2種類のヒキガエルが生息している．ヨーロッパヒキガエル（*Bufo bufo*）と，きわめてまれなナッタージャックヒキガエル（*Bufo calamita*）である．ほとんどの中毒症例は，ヒキガエルが産卵する季節である夏に発生する．

毒性学

全ての*Bufo*属のヒキガエルは耳下腺を持ち，恐怖を感じたときにそこから毒液を分泌する．全てのヒキガエルは同様の毒液を分泌するが，その毒性は種によって異なる．毒液にはさまざまな心毒性

物質，カテコラミン類，インドールアルキルアミン類が含まれている．イギリスでは重篤な中毒例はまれである．

危険因子

知られていない．

臨床症状

発症

しばしば数分以内，通常は30〜60分の間に発症する．

代表的な症状

唾液分泌過多，口から泡をふく，粘膜の紅斑，啼鳴，不安，運動失調，ふるえ

その他の症状

ひきつけ，頻脈あるいは徐脈，発熱，発作，昏睡，不整脈

治療

- 消化管除染の必要はない．
- 口腔を水で洗うことで汚染を除去する．
- 心拍数，呼吸，体温をモニター
- 唾液分泌過多や徐脈に対してアトロピンを用いてもよい．
- 冷却処置が必要になることがある．
- 対症療法および補助療法

予後

きわめて良好

非ステロイド性抗炎症薬（NSAID）

猫の場合は166ページを参照

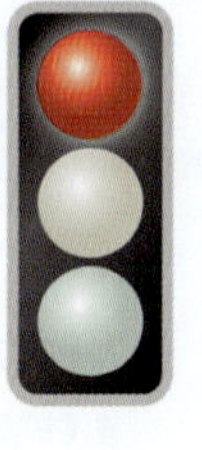

別名

例：アセクロフェナク，アセメタシン，カルプロフェン，セレコキシブ，デクスイブプロフェン，デクスケトプロフェン，ジクロフェナク，エトドラク，エトリコキシブ，フェンブフェン，フルルビプロフェン，イブプロフェン，インドメタシン，ケトプロフェ

あ
か
さ
た
な
ひ
ま
や
ら
わ

ン，ケトロラク，マバコキシブ，メロキシカム，ナブメトン，ナプロキセン，パレコキシブ，ピロキシカム，ロベナコキシブ，スリンダク，チアプロフェン酸，トルフェナム酸．**アスピリン**，**メフェナム酸**，**パラセタモール**も参照

解説/由来

NSAIDsは鎮痛作用と抗炎症作用の両方を示し，炎症を伴う疼痛の治療に用いられる．NSAIDsはシクロオキシゲナーゼ(COX)を阻害することによりプロスタグランジン類の産生を減少させる．プロスタグランジン類は，胃酸産生の調節，粘液分泌の促進と，胃の上皮細胞からの重炭酸塩分泌の促進，粘膜血流の調節に関与している．腎臓では，プロスタグランジン類は腎臓の恒常性を保つ働きを示す．COX-1は調節作用を持つプロスタグランジン類の産生に関与している．一方でCOX-2は誘導型で，主に炎症反応に関与するプロスタグランジン類の合成に関与している．**メモ**：一部のNSAIDs製剤は人工甘味料の**キシリトール**を含有している．

毒性学

個々のNSAIDの毒性は，どちらのアイソフォームのCOXをどの程度阻害するのか，によって決まる．

危険因子

脱水，低血圧，腎不全の既往歴

臨床症状

発症

しばしば2時間以内

代表的な症状

吐き気，嘔吐，吐血，下痢，メレナ，腹部圧痛，食欲不振．粘膜の蒼白あるいは充血がみられる場合がある．また，虚弱，運動失調，協調不全，無気力，沈うつ，傾眠もみられる．その他の臨床症状がみられなくても，胃粘膜のびらん，潰瘍，そして理論上は穿孔が起こる可能性がある．腎不全の発症は摂取後5日まで遅延することがある．

その他の症状

まれに，啼鳴，興奮，多動，知覚過敏，ふるえ，ひきつり，呼吸困難，過換気，頻脈，発作

治療

- 胃を空にする，活性炭の投与(**除染の章**を参照)
- 腎機能をモニターしながら，積極的に静脈内輸液を行う．
- 必要に応じて制吐薬の投与
- 腎機能のモニター
- 消化管保護剤を推奨(**小動物の処方集**参照)
- プロスタグランジン類似体(ミソプロストール)の使用を推奨
- 対症療法および補助療法

予後

早期に治療を受ければ良好．重度の腎不全と消化管穿孔がみられる動物では慎重

ビタミンD化合物

解説/由来

ビタミンD化合物，例えばカルシフェロール(エルゴカルシフェロール，ビタミンD_2)，コレカルシフェロール(ビタミンD_3)，カルシポトリオール，カルシトリオール，タカルシトール，アルファカルシドール，パリカルシトールは，ビタミン剤，肝油，動物用医薬品，成長促進剤，殺鼠剤，ヒト用の薬(特に乾癬用クリーム)に含まれている．

毒性学

これらの物質は速やかに吸収され，肝臓と腎臓により代謝を受ける．カルシトリオールが主要な代謝産物である．カルシトリオールが過剰になると，高カルシウム血症，腎毒性，組織の鉱質沈着や石灰化が引き起こされる．

危険因子

腎機能障害

臨床症状

発症

通常6～12時間，それより長くなることもある．

代表的な症状

多飲，虚弱，無気力，多量の嘔吐および下痢，多尿，高カルシウム血症の症状（食欲不振，運動失調，背中を曲げる，筋攣縮，ひきつけ，発作）

その他の症状

腎不全，心機能の異常，ショック，肺水腫

治療

- 積極的な治療が必要である．
- 胃を空にし，活性炭の投与（除染の章を参照）
- 十分な水和，必要に応じて制吐薬の投与
- 電解質と腎機能のモニター
- 消化管保護剤を推奨
- 高カルシウム血症の場合は等張（0.9％）食塩水の輸液を行い，利尿を促進するのに加え，フロセミドと，ビスホスホネート（例：パミドロン酸，クロドロン酸）あるいはカルシトニン（4～7IU/kg，皮下投与〈s.c.〉，6～8時間おき，必要ならば2～3時間ごと）のいずれかを投与する．

予後

重篤な症状があり，受診が遅れた場合は慎重．組織の石灰化が生じた場合は不良

ピモベンダン

解説/由来

ピモベンダンは，ベンズイミダゾール-ピリダゾン誘導体であり，うっ血性心不全の犬で用いられる．

毒性学

ピモベンダンは，ホスホジエステラーゼⅢを選択的に阻害し，結果として細胞内の環状アデノシン一リン酸（cAMP）を増加させ，末梢血管および冠状血管を拡張させる．また，ピモベンダンはトロポニンCのカルシウム結合部位のカルシウムへの親和性を増加させるので，筋原線維の収縮の閾値を下げる．過剰摂取による重篤な中毒症例はまれである．

危険因子

知られていない．

臨床症状

発症

4時間以内

代表的な症状

嘔吐，眩暈，低血圧．頻脈（大量に摂取した後）

その他の症状

心室性期外収縮，心室細動，心室性頻拍，トルサード・ド・ポワント．肝酵素の上昇，黄疸

治療

- 胃を空にする，活性炭の投与（除染の章を参照）
- 対症療法および補助療法
- 十分な水和

予後

良好

肥料

別名

植物栄養素，NPK肥料，骨粉

解説/由来

ガーデニングや農業用に用いられ，さまざまな製品が入手可能である．屋外用の肥料には顆粒，粉末，液体タイプなどがあり，一方で室内用の製品は液体タイプが多い．ほとんどの製品は窒素，リン，カリウムを含有している（NPK肥料）が，微量の鉄などを含むこともある．**メモ**：一部の肥料は高濃度の鉄を含み，これらは毒性が高い．

毒性学

通常，肥料の毒性は低い．臨床症状は成分の刺激性によって生じ

あ か さ た な ひ ま や ら わ

ると考えられる．

危険因子

知られていない．

臨床症状

発症

通常2〜10時間

代表的な症状

下痢，嘔吐，運動失調，腹鳴

その他の症状

ふるえ，鼻口部の腫脹，蕁麻疹様皮疹，一過性の後肢のこわばり

治療

- 消化管除染の必要はない．
- 十分な水和，必要に応じて制吐薬の投与
- 対症療法および補助療法

予後

きわめて良好

フェノキシ酢酸系除草剤

別名

例：2, 4-D，ジクロルプロップ，MCPA，メコプロップおよび関連物質，ジカンバ

解説/由来

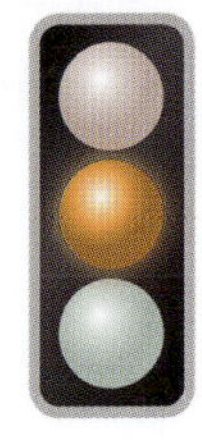

広葉樹に選択性を持ち，しばしば芝生の除草剤として，**肥料**や，硫酸鉄などの苔駆除剤(鉄参照)とともに用いられる．農業用製品として利用されている．これらの化学物質は水にはあまり溶けないので，液剤の場合は溶媒を使用している．

毒性学

フェノキシ酢酸系除草剤による中毒の作用機序は分かっていな

い．胃に対する作用は，これらの物質の酸性度が関与している可能性がある．フェノキシ酢酸系除草剤は細胞膜を傷害し，細胞膜を介した輸送系を阻害するとともに，アセチルCoAなどの細胞内代謝経路を阻害する．また，酸化的リン酸化の脱共役にも関与し，その結果ATPに貯蔵されているエネルギーが熱として放散する．植物中ではこれらの物質はホルモンとして作用するが，動物においてはホルモン様作用はない．家庭用製品での重篤な中毒は起こらないと思われる．

危険因子

知られていない．

臨床症状

発症

通常数時間以内

代表的な症状

嘔吐，下痢（血下痢のこともある），無気力，沈うつ，唾液分泌過多，運動失調，食欲不振

その他の症状

虚脱，虚弱，徐脈あるいは頻脈，ふるえ．筋強直症候群が起こる可能性がある．

治療

- 揮発性の溶剤の場合，吸引の危険があるため**催吐は絶対に避ける．**
- 活性炭の投与（**除染の章**を参照）
- 可能ならば，中性洗剤とぬるま湯で皮膚を洗い，汚染を除去する（**除染の章**を参照）．
- 十分な水和，必要に応じて制吐薬の投与
- 対症療法および補助療法

予後

良好

あ か さ た な ふ ま や ら わ

フェノチアジン

別名

例：アセプロマジン，アリメマジン(トリメプラジン)，クロルプロマジン，フルフェナジン，レボメプロマジン(メトトリメプラジン)，ペリシアジン，ペルフェナジン，プロクロルペラジン，プロメタジン，チオリダジン，トリフロペラジン

解説/由来

動物において，フェノチアジン系薬物は鎮静，時には吐き気の管理や，アレルギー治療などの目的で用いられる．ヒトでは，精神疾患の管理や，吐き気・嘔吐を抑制するために用いられる．

毒性学

フェノチアジン系薬物の毒性はさまざまだが，全ての薬剤が中枢神経系および自律神経系に作用する．

危険因子

大型犬，ボクサー

臨床症状

発症

8時間以内

代表的な症状

無気力，運動失調，傾眠，徐脈，時に興奮

その他の症状

散瞳，低血圧，ふるえ，筋攣縮

治療

- 胃を空にする，活性炭の投与(**除染の章**を参照)
- 興奮やふるえに対してジアゼパムを使用することがある．
- 対症療法および補助療法

予後

良好

ブドウ(*Vitis vinifera*)の実

別名

ブドウの実，グレープ，スグリ，レーズン，サルタナ

解説/由来

ブドウは果実を目的に栽培されている．ブドウの実として以外にも，レーズン，サルタナ，スグリ，またこれらを含む食品，例えばクリスマスケーキ，クリスマスプディング，フルーツケーキ，チョコレートがけレーズン(**チョコレート**の章を参照)などの形で使われていることもある．

毒性学

毒性の発現メカニズムは不明だが，摂取した量と臨床症状は相関しないと考えられている．生のブドウよりも，ドライフルーツを摂取した場合のほうが重篤な症状を呈することが多い．

危険因子

知られていない．

臨床症状

発症

6～24時間

代表的な症状

嘔吐，下痢，唾液分泌過多，吐血，血便，食欲不振，運動失調，虚弱，無気力，急性無尿性腎不全

その他の症状

血尿，多飲，膵炎

治療

- 胃を空にする，活性炭の繰り返し投与(**除染の章**を参照)
- 腎機能をモニターしながら，積極的な静脈内輸液を行い利尿を促進する．乏尿性腎不全が生じた場合は，静脈内血液量過剰を避けるため輸液量を適宜調整すること．
- 対症療法および補助療法

あ か さ た な ふ ま や ら わ

予後

腎不全が生じる前に治療を開始すれば良好．腎不全の徴候がみられる場合は慎重

ブプレノルフィン

解説/由来

ブプレノルフィンはモルフィンアルカロイドの一種，テバインの誘導体である．オピオイド系鎮痛薬であり，中等度～重度の疼痛を緩和するためにヒトおよび動物で用いられる．ヒトでは，オピオイド依存症の治療にも用いられる．通常の調剤薬には舌下錠，経皮パッチ，注射剤がある．注射剤は犬および猫で用いることが許可されている．非経口投与されたブプレノルフィンの作用時間は，モルヒネの約2倍，効果も約30倍である．

毒性学

ブプレノルフィンはオピオイド部分作動薬であり，μ-オピオイド受容体に作用して鎮痛作用をもたらす．κ-オピオイド受容体への拮抗作用も有している．κ-オピオイド受容体の作用は複雑だが，痛みの知覚に関与している．ブプレノルフィンの作用および効果の持続時間は比較的長く，数時間，あるいは数日にわたることすらある．

危険因子

知られていない．

臨床症状

発症

静脈内注射の場合投与後15分程度，経口摂取の場合30分～2時間後

代表的な症状

傾眠，啼鳴，運動失調，唾液分泌過多，低体温，無気力

その他の症状

攻撃性，興奮，徐脈，見当識障害．呼吸抑制や昏睡はまれ

治療

- 適切な場合，活性炭の投与(**除染の章**を参照)
- アポモルヒネの投与は避けるべきである(アポモルヒネもオピオイドであるため).
- 呼吸抑制や昏睡が生じた場合はナロキソンの投与を行う.
- 対症療法および補助療法

予後

補助療法を行えば良好

プラジクアンテル

猫の場合は169ページを参照

解説/由来

プラジクアンテルは，ピラジノイソキノリン誘導体の広域駆虫薬であり，吸虫や条虫感染症の治療薬として用いられる.

毒性学

プラジクアンテルは安全域が広く，毒性試験では大量投与にも忍容性を示した．治療において副作用が発生する確率は低い．哺乳類における毒性のメカニズムは不明である.

危険因子

知られていない.

臨床症状

発症

おそらく数時間以内

代表的な症状

嘔吐，下痢，唾液分泌過多，食欲不振，無気力

その他の症状

なし

あ
か
さ
た
な
ふ
ま
や
ら
わ

治療

- 消化管除染の必要はない．
- 必要に応じて対症療法および補助療法

予後

きわめて良好

プロトンポンプ阻害薬

別名

例：エソメプラゾール，ランソプラゾール，オメプラゾール，パントプラゾール，ラベプラゾール

解説/由来

プロトンポンプ阻害薬は，人医療において，胃食道逆流，胃潰瘍，十二指腸潰瘍，薬剤誘発性潰瘍の治療に用いられる．オメプラゾールは獣医領域においても胃酸過多の管理に用いる．

毒性学

プロトンポンプ阻害薬は，胃壁細胞におけるプロトン-カリウム・アデノシントリホスファターゼ(H^+/K^+-ATPアーゼ)酵素系を阻害することで，胃酸の産生を抑制する．この作用は強力で，胃酸の分泌を長期にわたり抑制する．これらの薬剤の急性毒性は低い．

危険因子

知られていない．

臨床症状

発症

数時間以内

代表的な症状

まれで，自己限定的である．嘔吐，下痢，無気力などが起こる可能性がある．

その他の症状

なし

治療

- 消化管除染の必要はない．
- 対症療法および補助療法

予後

きわめて良好

β遮断薬

別名

例：アセブトロール，アテノロール，ビソプロロール，カルベジロール，セリプロロール，エスモロール，ラベタロール，メトプロロール，ナドロール，ネビボロール，オクスプレノロール，ピンドロール，プロプラノロール，ソタロール，チモロール

解説/由来

頻脈の犬において抗不整脈薬として使用される，ヒトでは高血圧，狭心症，心筋梗塞，不整脈，心不全，偏頭痛の懸念がある場合およびその予防のために用いる．

毒性学

β遮断薬は，β_1-アドレナリン受容体に作用して陰性変力作用および陰性変時作用を示す．β遮断薬は気管支の収縮，血管拡張，グリコーゲン分解の減少を引き起こす．心臓選択性，部分アゴニスト活性，膜の安定化作用，脂溶性などの違いにより，臨床効果は変化する．**過剰摂取の場合**，血圧および心拍数の低下がより顕著になり，危険である．

危険因子

心疾患

臨床症状

発症

通常の製剤では6時間以内，徐放性製剤では12時間以内

代表的な症状

低血圧，徐脈（部分アゴニスト活性を持つβ遮断薬，例えばピンドロールを摂取した場合は頻脈），傾眠，呼吸抑制，発作，低血糖

その他の症状

高カリウム血症，肺水腫および不整脈

治療

- 胃を空にする，活性炭の投与（除染の章を参照）．徐放性製剤を投与した場合は活性炭を繰り返し投与する．
- 対症療法および補助療法
- 低血圧はまず静脈輸液によって治療すべきである．心臓病を有する動物には要注意．徐脈を伴う低血圧はアトロピンに反応すると思われる．
- これらが奏功しなかった場合はグルカゴンが有効かもしれない．生理食塩水に溶解したグルカゴン50 μg/kg i.v.ボーラス（2 mL）で投与し，その後150 μg/kg/hで持続投与する．

予後

治療を行えば良好

ペルゴリド

解説/由来

ドーパミン作動薬であり，ヒトではパーキンソン症候群に対して，単剤あるいはレボドパとともに用いる．獣医領域では，馬のクッシング病に伴う症状のコントロールに用いられる．

毒性学

ペルゴリドは，ドーパミン受容体作動薬であり，主にD_1およびD_2受容体に作用する．ペルゴリドは線条体のアデニル酸シクラーゼ活性を刺激し，ドーパミンと同様の活性を示す．

危険因子

知られていない.

臨床症状

発症

30分～2時間

代表的な症状

嘔吐，下痢，無気力，傾眠

その他の症状

運動失調，幻覚，まれに低血圧および虚脱

治療

- **嘔吐が既に起きていない場合は**胃を空にする，活性炭の投与（除染の章を参照）
- 十分な水和
- 必要に応じて血圧のモニター
- 対症療法および補助療法

予後

良好

ベンゾジアゼピン

猫の場合は172ページを参照

別名

例：アルプラゾラム，ブロマゼパム，クロルジアゼポキシド，クロバザム，クロナゼパム，クロラゼプ酸，ジアゼパム，フルニトラゼパム，フルラゼパム，ロプラゾラム，ロラゼパム，ロルメタゼパム，ミダゾラム，ニトラゼパム，オキサゼパム，テマゼパム

解説/由来

ベンゾジアゼピンは，鎮静薬，抗不安薬，抗けいれん薬，麻酔前投与薬として用いられる.

毒性学

ベンゾジアゼピンは抑制性神経伝達物質のγ-アミノ酪酸(GABA)の作用を増強する.

危険因子

知られていない.

臨床症状

発症

通常2時間以内

代表的な症状

運動失調，協調不全，傾眠

その他の症状

ふるえ，無気力，沈うつ，虚弱，嘔吐，低体温，眼振，見当識障害，多飲，過食，昏睡，低血圧，呼吸抑制．一部の動物は矛盾した症状，すなわち多動，知覚過敏，興奮，落ち着きのなさ，攻撃，発熱がみられる.

治療

- 活性炭の投与(除染の章を参照)
- 対症療法および補助療法
- 重篤な呼吸抑制ないし中枢神経抑制がみられる動物ではフルマゼニルの使用を検討する．**用量**：0.01～0.02mg/kg i.v.必要ならば約30分後に再投与

予後

良好

ベンドロフルメサイアザイド

別名

ベンドロフルアジド

解説/由来

サイアザイド系利尿薬であり，人医学領域で浮腫や高血圧の治療に用いられる.

毒性学

ベンドロフルメサイアザイドは，遠位曲尿細管でのナトリウムの再吸収を阻害することにより利尿作用を示す．

危険因子

知られていない．体液量減少や低血圧，腎不全ではリスクがあるかもしれない．

臨床症状

発症

動物では情報が限られているが，ヒトでは利尿作用は1～2時間以内に生じる．

代表的な症状

ほとんどの動物は無症候性だが，多尿，多飲，傾眠が生じる可能性がある．

その他の症状

多量の液体喪失により脱水，電解質の乱れが生じる可能性がある．

治療

- 胃を空にする，活性炭の投与(除染の章を参照)
- 十分な水和
- 腎機能のモニター
- 対症療法および補助療法

予後

良好

ベンラファキシン

解説/由来

セロトニン・ノルアドレナリン再取り込み阻害薬(SNRI)で，ヒトで抗うつ薬として用いられる．

毒性学

ベンラファキシンの作用は，神経細胞へのノルアドレナリン，セロトニン(5-HT)の再取り込みの阻害，また，程度はやや少ないがドーパミンの再取り込みも阻害することによる．

危険因子

知られていない．

臨床症状

発症

通常6時間以内だが，徐放剤を摂取した場合は遅延することがある．

代表的な症状

散瞳，無気力，傾眠，運動失調

その他の症状

嘔吐，発熱，啼鳴，知覚過敏，頻脈，呼吸不全．発作はまれ．ヒトの過剰摂取では，不整脈の報告がある．

治療

- 胃を空にする，活性炭の投与(除染の章を参照)
- 対症療法および補助療法

予後

良好

ホウ砂

別名

ホウ酸ナトリウム，四ホウ酸ナトリウム，四ホウ酸二ナトリウム

解説/由来

多くのアリ駆除薬あるいはゴキブリ駆除薬(これらは通常，5～7%のホウ砂を含む糖液である)に含まれる化合物である．ホウ砂の用途はマウスウォッシュ，コンタクト洗浄液，点眼薬のような液状の医療用薬剤，ある種の石けんや洗剤などに限定される．

あ か さ た な ほ ま や ら わ

毒性学

毒性のメカニズムは知られていない．ホウ砂は上皮形成を阻害し，一般的に全ての細胞に対して細胞毒性を持つと考えられている．高濃度のホウ酸化合物は，皮膚および粘膜に対して刺激性がある．家庭用殺虫剤の摂取による重篤な中毒は起こりにくい．

危険因子

知られていない．

臨床症状

発症

通常2時間以内

代表的な症状

頬および消化管の炎症，特に嘔吐，下痢，腹部圧痛，唾液分泌過多

その他の症状

シバリング，ふるえ，振戦，運動失調，傾眠，沈うつが報告されている．まれに発熱，多飲，発作，虚脱．皮膚への暴露は紅斑を引き起こす．

治療

- 摂取した物質のホウ砂濃度が10%以下であれば必ずしも胃を空にする必要はない．
- 対症療法および補助療法

予後

良好

ホコリタケ

解説/由来

ホコリタケは，子実体が成熟してはじけた際に，微細な茶色い胞子を無数に放出する菌類を指す一般名詞である．毒キノコに関しては**キノコ**を参照

毒性学

ホコリタケを摂取したとしても毒性はないが，胞子を吸引した場合は呼吸器症状が引き起こされる場合がある．胞子は疎水性で，真菌アレルゲンを含み，過敏性肺炎の原因になりうる．この病態は時にホコリタケ症と呼ばれる．

危険因子

知られていない．

臨床症状

発症

さまざまである．急性発症のこともあるが，数日後に発症することもある．

代表的な症状

ホコリタケを経口摂取したとしても毒性はないが，軽度の胃腸炎を引き起こす可能性がある．ホコリタケの胞子を吸引すると，無気力，咳，くしゃみ，呼吸困難，頻呼吸，発熱，白血球増多症がみられることがある．

その他の症状

胸部X線画像では両側性の肺浸潤像がみられることがある．

治療

- 経口摂取したとしても，消化管除染の必要はない．
- 呼吸器症状に対しては，必要に応じて副腎皮質ステロイド，抗菌薬，酸素の投与などの補助療法を行う．

予後

良好

ポプリ

解説/由来

植物性原料(花，木くず，果実，葉，スパイス，キノコ，苔)の混合物であり，部屋の香り付けに用いる．何百種もの植物が用いられる．別売のリフレッシャーオイルに含まれる合成香料を使うことで，香りを足すこともできる．

毒性学

ポプリを経口摂取すると，重篤な，長期にわたる消化器症状を呈することがある．影響が長引く理由ははっきりとは分かっていないが，植物原料やリフレッシャーオイルそのものの毒性というよりも，消化器への物理的な傷害が原因なのかもしれない．ポプリが便から排泄された後も症状が続いたという報告がある．毒性のある植物がポプリに含まれている可能性もあるものの，一般的ではない．

危険因子

知られていない．

臨床症状

発症

通常12時間以内，時に摂取後24〜48時間

代表的な症状

嘔吐，食欲不振，腹痛，沈うつ，無気力，運動失調，下痢，脱水

その他の症状

唾液分泌過多，出血性下痢，呼吸不全，虚脱，発作，腎不全

治療

- 消化管除染の必要はない．多くの犬はいずれにしても嘔吐する．
- 活性炭は有用ではない．
- 十分な水和，必要に応じて制吐薬の投与
- 一部の症例では消化管保護剤を使用する．
- 鎮痛薬が必要になる可能性がある．

■ 対症療法および補助療法

予後

良好

マカダミアナッツ

解説/由来

マカダミアナッツ（*Macadamia integrifolia* あるいは *Macadamia tetraphylla*）は非常に硬い種皮を持ち，緑色の殻に包まれている．殻は，実が熟すると弾けて開く．マカダミアナッツは生で，あるいはケーキやビスケットに入れて食べる．

毒性学

毒性のメカニズムは知られていないが，ナッツの成分や，加工過程での汚染物質，マイコトキシンなどが関与している可能性がある．マカダミアバターの摂取後に中毒が起こる可能性もある．

危険因子

知られていない．

臨床症状

発症

通常12時間以内

代表的な症状

虚弱および運動失調，腹部圧痛，無気力，嘔吐，下痢，沈うつ，発熱，鼓腸，跛行，関節痛，横臥

その他の症状

血中トリグリセリドおよびアルカリホスファターゼの軽度の増加

治療

■ 対症療法および補助療法
■ 消化管除染は必要ない．
■ 十分な水和
■ 必要に応じて鎮痛薬の投与

■ 必要に応じて肝機能のチェック

予後

きわめて良好

ミルベマイシン

猫の場合は175ページを参照

解説/由来

ミルベマイシンは大環状ラクトン性駆虫薬であり，単剤もしくはその他の駆虫薬と合わせて用いられる．

毒性学

ミルベマイシンは，線虫類と昆虫において，塩素イオンの膜透過性（グルタミン酸作動性塩素イオンチャネルを介する）を増加させる．この結果として神経と筋肉の細胞膜の過分極が生じ，寄生虫は弛緩麻痺を起こし，死亡する．コリー犬とその近縁犬種ではより感受性が高い．これは，P糖タンパク質の発現異常により，ミルベマイシンの脳内への取り込みが他の犬種より多いためである．

危険因子

コリー，オーストラリアン・シェパード，シェットランド・シープドッグ（シェルティー），ボーダー・コリー

臨床症状

発症

6時間以内

代表的な症状

食欲不振，唾液分泌過多，嘔吐，下痢，散瞳，沈うつ，ふるえ，運動失調

その他の症状

なし

治療

■ 胃を空にする，活性炭の投与（除染の章を参照）

- その他の治療に反応しない重篤な症例では脂肪乳剤の静脈内注射を検討する.
- 対症療法および補助療法

予後

良好

メタアルデヒド

猫の場合は176ページを参照

解説/由来

メタアルデヒドは，多くの軟体動物駆除薬に含まれている．キャンプ用コンロのパック燃料にも含まれている．

毒性学

毒性のメカニズムは完全には解明されていない．主に，抑制性神経伝達物質γ-アミノ酪酸(GABA)の濃度を減少させることにより毒性を示すことが示唆されている．

危険因子

知られていない．

臨床症状

発症

非常に早い．しばしば30分以内

代表的な症状

知覚過敏，筋肉攣縮と筋硬直のいずれかまたは両方，ふるえ，ひきつり，発作，発熱，パンティング，呼吸困難，チアノーゼ

その他の症状

頻脈，頻呼吸あるいは呼吸抑制．肝障害がみられることもあるが，まれ

治療

- 重篤な臨床症状が急速に生じることから，催吐は危険を伴う.

しかし将来的に重症になりうる症例では，麻酔下での胃洗浄を考慮すべきである(除染の章を参照).
- ひきつりあるいは発作は積極的に管理する．ジアゼパムから開始し，段階的に全身麻酔(プロポフォールやイソフルランを使用)まで強化する.
- 必要に応じて冷却
- 対症療法および補助療法

予後

症状が軽度の症例では良好．発作の管理ができなければ不良

メチルフェニデート

解説/由来

中枢神経刺激薬であり，ヒトでは注意欠如・多動性障害(ADHD)の治療に用いられ，犬ではナルコレプシーと多動の治療に用いられる.

毒性学

メチルフェニデートは間接的に交感神経に作用する．作用機序は完全には解明されていないが，薬理学的な特性はアンフェタミンと類似している.

危険因子

知られていない.

臨床症状

発症

通常の製剤では1〜3時間，徐放性製剤を摂取した場合は延長することがある.

代表的な症状

興奮，多動，ペーシング，運動失調，協調不全，過剰興奮，ふるえ，頻脈，発熱

その他の症状

無気力，沈うつ．重篤例では発作

治療

- 胃を空にする，活性炭の投与(除染の章を参照)
- 対症療法および補助療法
- 必要に応じて，鎮静の目的でアセプロマジンを用いる．

予後

良好

メトホルミン

解説/由来

ヒトで，非インスリン依存型糖尿病の管理のために用いられるビグアニド系薬である．

毒性学

メトホルミンは，肝臓でのグリコーゲン分解を減少させることにより，肝臓における糖新生を抑制する．メトホルミンは血糖値をあまり低下させない(血糖降下作用というより抗高血糖作用を示す)．

危険因子

ヒトでは腎不全，慢性心疾患ないし慢性肺疾患がリスク因子であり，動物でも同様だと考えられる．

臨床症状

発症

1〜2時間

代表的な症状

消化管の刺激により嘔吐，下痢，無気力および食欲不振を引き起こす．

その他の症状

低血圧，低体温，可視粘膜蒼白，後肢のふるえ．ヒトでは，過剰摂取の場合にみられる乳酸アシドーシスが最も重大な副作用だが，動物では報告はない．

治療

- 胃を空にする，活性炭の繰り返し投与(**除染の章**を参照)
- 消化管保護剤を推奨(**小動物の処方集**参照)
- 消化管の炎症以外の症状を示している動物や，腎不全の動物では，電解質と血液ガスを確認する．
- 低血圧は静脈内輸液により補正する．**乳酸を含む輸液剤は避ける(例：乳酸リンゲル液または希釈液)**．
- アシドーシスは炭酸水素ナトリウムを用いて補正する．

予後

きわめて良好

メトロニダゾール

解説/由来

メトロニダゾールはニトロイミダゾール系抗菌薬であり，嫌気性菌，*Trichomonas*，*Giardia*感染症の治療に用いられる．炎症性腸疾患や肝性脳症にも使用される．

毒性学

毒性の発現メカニズムは不明である．報告されている症状からは，小脳および中枢性前庭の機能不全が示唆される．また，メトロニダゾールは容易に血液脳関門を通過する．各個体のメトロニダゾールに対する感受性は非常に幅がある．

危険因子

知られていない．

臨床症状

発症

数時間以内(急性)，慢性的暴露の場合の発症時期はさまざまで，通常数日～数週間である．

代表的な症状

急性過剰摂取の場合は無気力，嘔吐，食欲不振，下痢しか引き起こさない．**慢性的暴露**の場合，運動失調，虚弱，歩行不能，眼振，協調不全，縮瞳，ふるえ，測定過大，斜頸

その他の症状

慢性的暴露では，発作，昏睡，麻痺，低体温，頻呼吸，反射低下，筋硬直，後弓反張，過剰興奮，固有感覚の低下

治療

- **急性過剰摂取**：消化管の除染および監視はおそらく必要ない．
- **慢性的暴露**：補助療法
- メトロニダゾールを休薬する．
- ジアゼパムはメトロニダゾールによる神経毒性に対して選択される薬剤で，回復にかかる時間を短縮することが知られている．

予後

きわめて良好

メフェナム酸

解説/由来

非ステロイド性抗炎症薬（フェナム酸誘導体）であり，ヒトで骨関節炎の治療に用いられる．メフェナム酸はヒトの月経困難症や，軽度～中等度の疼痛にも用いられる．

毒性学

NSAIDsはシクロオキシゲナーゼを可逆的に阻害し，プロスタグランジン合成を遮断する．プロスタグランジンは疼痛の知覚を増強すると考えられている．メフェナム酸は消化管粘膜の刺激作用も有する．毒性のメカニズムは部分的にしか解明されていない．その他のNSAIDsと異なり，メフェナム酸は発作を引き起こす．消化管潰瘍や腎不全はきわめて少ない．

危険因子

知られていない．

臨床症状

発症

通常1時間以内

代表的な症状

嘔吐，唾液分泌過多，ふるえ，運動失調，眼振，知覚過敏，頻脈，発作

その他の症状

落ち着きのなさ，いらいら，虚弱，頻呼吸，虚脱．まれに，吐血，腎不全

治療

- 胃を空にする，活性炭の投与(除染の章を参照)
- 十分な水和
- 必要に応じて腎機能のモニター
- 必要に応じて抗けいれん薬(例：ジアゼパム)の投与
- 消化管保護剤を推奨(小動物の処方集参照)
- 対症療法および補助療法

予後

補助療法を行えば良好

メベベリン

解説/由来

鎮痙薬であり，ヒトで過敏性腸症候群や胃腸のけいれんの治療に用いられる．

毒性学

メベベリンは消化管の平滑筋に直接作用する．メベベリンは平滑筋細胞のナトリウムイオンの透過性を減少させ，間接的にカリウムイオンの流出も減少させる．メベベリンは自律神経系を介しては作用しないので，抗コリン作用は示さない．

危険因子

知られていない．

臨床症状

発症

3.5時間以内

代表的な症状

嘔吐，頻脈，散瞳，傾眠，運動失調，協調不全，興奮，発作

その他の症状

幻覚，知覚過敏，頻尿

治療

- 胃を空にする，活性炭の投与(除染の章を参照)
- 興奮と発作にはジアゼパムを用いる．
- 対症療法および補助療法

予後

良好

モキシデクチン

解説/由来

モキシデクチンは駆虫薬であり，構造的にアベルメクチンと関連がある．

毒性学

哺乳類の場合，モキシデクチンが容易に血液脳関門から侵入することはない．しかし，高用量を摂取した場合は中枢神経症状が生じることがある．モキシデクチン中毒における発作がなぜ起こるのかは分かっていない．モキシデクチンは本来，犬に対する毒性は持っていないが，著しい過剰摂取により中毒症状を示す可能性がある．このようなことは通常，犬が馬用の製剤(犬用の製剤より強力である)を口にした場合に起こる．コリー犬とその近縁種ではより感受性が高い．これは，P糖タンパク質の発現異常により，モキシデクチンの脳内への取り込みが他の犬種より多いためである．

危険因子

コリー，オーストラリアン・シェパード，シェットランド・シープドッグ(シェルティー)，ボーダー・コリー

臨床症状

発症

通常2～8時間以内

代表的な症状

沈うつ，唾液分泌過多，散瞳，運動失調，混乱，失明，幻覚，ふるえ，興奮，知覚過敏，発熱

その他の症状

重症例では，虚脱，昏睡，ひきつり，発作

治療

- 胃を空にする，活性炭の投与(除染の章を参照)
- 徐脈を管理する目的でアトロピンが用いられる．
- **ベンゾジアゼピンとバルビツレートの使用は避ける．**ふるえや発作に対してはプロポフォールを用いるべきである．
- その他の治療に反応しない重篤な症例では脂肪乳剤の静脈内注射を検討する．
- 対症療法および補助療法

予後

適切な補助療法を行えば良好

ヤドリギ(*Viscum album*)

別名

セイヨウヤドリギ（アメリカヤドリギ *Phoradendron leucarpum* と混同してはならない）

解説/由来

ヤドリギは，落葉樹の樹上にみられる植物で，しばしば寄生している．茎は長くて木のような外観であり，分厚くて深緑色の葉を持つ．春には黄色みがかった花が鈴なりにみられる．果実は白く半透明な液果(ベリー)で，果汁は粘着性が高く，種を一つだけ持つ．これらの果実は，冬の間もずっと植物の上に残る．この植物は家庭でのクリスマスの飾り付けによく使われている．

毒性学

ベリーや葉，茎に，毒性を示す可能性があるレクチンやビスコトキシンを含んでいるが，この植物の急性毒性は低いと考えられている．

Viscum album.
©Elizabeth Dauncey

危険因子

知られていない．

臨床症状

発症

数時間以内

代表的な症状

嘔吐，下痢，唾液分泌過多，虚弱

その他の症状

なし

治療

- 大量に摂取したのでなければ消化管除染の必要はない．
- 十分な水和，必要に応じて制吐薬の投与
- 対症療法および補助療法

予後

きわめて良好

有機リン系殺虫剤

猫の場合は177ページを参照

別名

例：クロルフェンビンホス，クロルピリホス，デメトン-S-メチル，ジムピレート(ダイアジノン)，ジクロルボス，ジメトエート，フェニトロチオン，フェンチオン，ヘプテノフォス，マラチオン，ピリミフォス-メチル

解説/由来

庭園用，家庭用，農業用の殺虫剤である．一部の製剤は石油蒸留物を溶剤として含むことに留意する．

毒性学

有機リン剤(OPs)は，アセチルコリンエステラーゼに結合して阻害するので，神経伝達物質アセチルコリンの蓄積と，ニコチン受容体の活性化を引き起こす．その結果，ニコチン様作用とムスカリン様作用の両方が生じる(ただし，ニコチン受容体は速やかに脱感作する)．有機リン系殺虫剤は，家庭用製品には低い濃度でしか含まれないので，重大な中毒はまれである．農業用製品はより危険性が高い．

危険因子

知られていない．

臨床症状

発症

通常12〜24時間以内

代表的な症状

唾液分泌過多，運動失調，下痢，縮瞳，筋けいれん，ふるえ，ひきつり，虚弱，動揺，知覚過敏，発熱，落ち着きのなさ，尿失禁

その他の症状

徐脈，呼吸抑制，発作，昏睡．一部の有機リン剤は遅発性神経障害を引き起こす．

治療

- 製剤にもよるが，胃を空にし，活性炭の投与(除染の章を参照)
- 中性洗剤とぬるま湯で皮膚を洗い，汚染を除去する(除染の章を参照)．
- コリン作動性効果に拮抗させるために，アトロピンを投与する．大量に投与する必要があるかもしれない．
- 必要に応じて冷却処置
- 重篤例ではプラリドキシムを投与したほうがよい場合がある．プラリドキシムはコリンエステラーゼ再賦活化薬であり，アセチルコリンエステラーゼを脱リン酸化する．アトロピンによる治療の補助として使うと最も効果的である．

- 対症療法および補助療法

予後

良好

落花生（*Arachis hypogaea*）

別名

ピーナッツ，グラウンドナッツ，モンキーナッツ，アースナッツ，ジャックナッツ

解説/由来

南アメリカと中央アメリカ原産のマメ科植物である．一般的には食用に供され，ピーナッツバター，ピーナッツオイル，菓子に含まれていることもある．ピーナッツは塩味（**塩化ナトリウム**参照）あるいはチョコレートでコーティングされる（**チョコレート**参照）こともある．

毒性学

ピーナッツを摂取した大部分の犬は消化器症状を示すだけである．時に神経毒性を示す犬がみられるが，この原因，あるいはその他の影響については不明である．犬のピーナッツ中毒について報告している文献はない．けいれんは塩味のピーナッツに付着している塩を食べたことによるものである可能性がある．ピーナッツはアフラトキシンを含む可能性があるが，アフラトキシンは肝臓への傷害が特徴であり，神経毒性は示さない．

危険因子

知られていない．

臨床症状

発症

数時間以内

代表的な症状

大部分の犬は消化器症状（嘔吐，下痢，腹部不快感）を示す．

その他の症状

けいれん，ふるえ，落ち着きのなさが報告されている(塩ないし塩味のピーナッツによるものである可能性がある)．

治療

- 大量に摂取した場合は胃の除染を検討する(**除染の章**を参照)．
- 鎮静が必要になる場合がある．
- 対症療法および補助療法

予後

良好

藍藻類(ランソウ類)

別名

シアノバクテリア

解説/由来

細菌と藻類の特徴を併せ持つ原始的な生物である．光合成を行うことができ，クロロフィルにより多くの場合は青緑色を呈する．一部の藍藻類は窒素固定も行うことができる．藍藻類は，イギリス全土の淡水，汽水，そして海水中でみられる．どの場所であっても，非常に多くの異なる種類の藍藻類が共存している．良好な環境(晴天，水温が高い，豊富な栄養分，特に窒素とリン)では，藍藻類は大量の増殖，すなわち「藻類ブルーム(青潮)」をみせる．藻類ブルームは，晩春，夏，初秋によくみられる．

毒性学

藍藻類には多くの種類が存在するが，毒性物質を産生するのはごく一部である．これらの毒物は高い急性毒性を示し，暴露はしばしば致死的である．死に至る過程は非常に速やかである．水際に濃縮された浮きかすは，ほんのわずかな液量であっても毒性を示す，あるいは致死的な濃度の藍藻毒を含むと考えられている．毒性の機序は，種によって異なる．一部は肝臓毒を含有ないし産生し，その他は神経毒を持つ．臨床作用は関与した毒物の種類によって異なる．同時にいくつかの異なる種類の藍藻毒に暴露されることもありう

あ か さ た な は ま や ら わ

あ か さ た な は ま や ら わ

る．暴露が疑われた多くの動物は症状を示さないが，これは，本当は暴露されていないか，藍藻が無毒のものだったかのどちらかである可能性がある．

危険因子

知られていない．

臨床症状

発症

1時間以内(神経毒)
24時間以内(肝臓毒)

代表的な症状

藍藻の種や毒物によって異なる．消化器の不調(嘔吐，吐血，腹部圧痛)，神経毒性(ふるえ，徐脈，頻呼吸，ひきつり，筋硬直，運動失調，麻痺，呼吸不全，発作，昏睡)，肝臓への作用(虚弱，出血，低血圧，肝酵素上昇および黄疸)

その他の症状

肝毒性により腎炎や肝不全が引き起こされることがある．

治療

- 胃を空にする，活性炭の投与(除染の章を参照)
- 適切な場合，中性洗剤とぬるま湯で皮膚を洗うことで，汚染を除去する(除染の章を参照)．
- 十分な水和
- 肝機能と腎機能のモニター
- 肝保護物質の投与(S-アデノシルメチオニン，アセチルシステイン)
- 必要に応じて抗けいれん薬の投与
- 徐脈の場合アトロピンの投与
- 対症療法および補助療法

予後

発症した場合は不良

レボチロキシン

別名

T_4, L-チロキシン

解説/由来

レボチロキシンは天然由来の甲状腺ホルモンであり，甲状腺機能障害の補充療法に用いられる．

毒性学

甲状腺ホルモンの**過剰摂取**は，心血管系，胃および神経系に影響を及ぼす．この作用の発現は数日，すなわちT_4が活性型のT_3(トリヨードサイロニン)に変換されるために必要な時間の分だけ遅延することがある．急性過剰摂取後に症状が起こるためにはきわめて大量の薬物が必要であり，中毒はむしろ慢性的な過剰摂取の結果として起こることが多い．

危険因子

心疾患

臨床症状

発症

暴露後1〜9時間で生じることもあるが，数日遅延することもある．

代表的な症状

過剰摂取(急性あるいは慢性)により，「甲状腺クリーゼ」が起こる．すなわち嘔吐，下痢，頻脈，多動，興奮，いらいら，無気力，頻呼吸，呼吸困難などがみられる．

その他の症状

多飲，多尿，パンティング，発熱，高血圧

治療

- 胃を空にする，活性炭の投与(除染の章を参照)
- 頻脈に対してプロプラノロールを使用してもよい．
- 必要に応じて，冷却，鎮静
- 対症療法および補助療法

予後

きわめて良好

ロペラミド

解説/由来

弱い鎮痛作用を持つ弱オピオイドであり，非特異的な慢性ないし急性の下痢で用いられる．

毒性学

高用量では，中枢神経系のオピオイド受容体を活性化する．同時に，小腸および結腸平滑筋の輪状筋の収縮を増加させ，縦走筋の収縮を低下させることで，中毒症状を引き起こす．ロペラミドは胃内容排泄時間を延長することはない．コリー犬とその近縁種ではより感受性が高い．これは，P糖タンパク質の発現異常により，ロペラミドの脳内への取り込みが他の犬種より多いためである．

危険因子

コリー，オーストラリアン・シェパード，シェットランド・シープドッグ(シェルティー)，ボーダー・コリー

臨床症状

発症

6時間以内

代表的な症状

嘔吐，沈うつ，唾液分泌過多，傾眠

その他の症状

運動失調，腹部圧痛，便秘，縮瞳，啼鳴，徐脈，呼吸困難，低体温，昏睡，虚脱

治療

- アポモルヒネの投与は避ける(アポモルヒネもオピオイドであるため)．
- **活性炭の投与は便秘を悪化させるため，絶対に避ける．**

- 十分な水和
- 症状がみられる症例では心拍数，呼吸，体温をモニターする．
- ナロキソンの投与が必要かもしれない．
- その他の治療に反応しない重篤な症例では脂肪乳剤の静脈内注射を検討する．

予後

良好

アルカリ

別名

例：水酸化ナトリウム(苛性ソーダ，灰汁)，水酸化カリウム(苛性カリ)，水酸化カルシウム，ケイ酸ナトリウム

解説／由来

多くの家庭用製品，とりわけ，排水管洗浄液，オーブン用洗剤，一部のペンキ除去剤，一部の食器洗浄機用洗剤などに含まれている．水酸化ナトリウムは，掃除に用いる家庭用化学製品として購入可能である．

毒性学

アルカリは，脂肪の鹸化とタンパク質の可溶化を伴う融解壊死を引き起こす．また，吸湿性も持ち，組織から水分を吸着する．これらの作用により，組織に固着し，深部まで浸透する．傷害の程度は接触時間，摂取量，関与した物質の濃度およびpHによって変化する．アルカリを摂取すると食道に重度の腐食損傷が生じ，摂取量がさらに増えると，十二指腸や胃に対するダメージがより大きくなる．眼のアルカリ熱傷は非常に深刻な病態を引き起こす．アルカリは眼を保護している浸透性バリアを破壊し，急速に角膜および前眼房にまで入り込むためである．

危険因子

知られていない．

臨床症状

発症

暴露後すぐ(しばしば数分以内に)生じるが，アルカリ熱傷は初期は無痛で，すぐには明らかな症状がみられないことに気をつける．アルカリ熱傷の発症時期は，アルカリの濃度と量，接触時間によって変化する．

代表的な症状

摂取後：口腔・食道・胃の焼けるような痛み，唇の腫脹，嘔吐，吐血，唾液分泌過多，潰瘍を伴う粘膜の熱傷，呼吸困難，喘鳴，嚥下障害，ショック．食道や咽頭の浮腫が生じることがある．

皮膚や眼への暴露：重度の穿孔性の熱傷，壊死

その他の症状

消化管出血，消化管穿孔，上部気道閉塞などの合併症が急性に生じる．食道狭窄が遅発性の合併症としてみられることがある．

治療

摂取後

- **消化管除染は禁忌である．食道への再暴露によりさらなる傷害を引き起こす危険がある．**
- **中和化学薬品は決して投与してはならない．中和の過程では熱が産生されるので，傷害をさらに悪化させることがある．**
- 活性炭は無効である．
- 重度の傷害が示唆される場合を除けば，経口輸液を与えてもよい．
- 傷害の重症度判定のために，内視鏡を行う必要があるかもしれない．
- 消化管保護剤（制酸剤，H_2受容体拮抗薬，スクラルファート）を与えてもよいが，潰瘍に対する効果は限定的である．
- 鎮痛薬が必要になるかもしれない．消化管潰瘍がみられる場合はNSAIDsの投与は避ける．
- 消化管潰瘍がない場合はステロイドを投与してもよい．回復期に線維化を防ぐ目的で用いるほうがより有用と思われる．
- 対症療法および補助療法

皮膚や眼への暴露

- 皮膚や眼の汚染を効果的に除去するためには，大量の水や生理食塩水を用いた長時間の洗浄が必要である．
- 可能であれば，皮膚あるいは眼のpHを除染から15分後に測定し，暴露部位がアルカリ性ならば洗浄を繰り返す．
- 対症療法および補助療法

予後

慎重．傷害の重篤度による．

α-クロラロース

犬の場合は6ページを参照

別名

クロラロース

解説/由来

マウスとラット用の殺鼠剤であり，有害鳥類のコントロールのためにも用いられる．さまざまな形状のおとり餌(小麦ないしふすまを含む)には2〜4%．業務用の製品にはより高濃度に含まれている．

毒性学

α-クロラロースは，興奮性と抑制性の両方の作用を持つ．暴露量が少ない場合は，神経の下行性抑制系の働きを抑え，興奮を引き起こす．暴露量が多い場合は，上行性網様体賦活系の働きを抑えることで中枢神経系を抑制する．

危険因子

知られていない．

臨床症状

発症

通常1〜2時間以内

代表的な症状

初期は運動失調，攻撃，知覚過敏．続いて傾眠，虚弱，ひきつり，ふるえ，縮瞳ないし散瞳，低体温，昏睡，発作

その他の症状

呼吸不全，発熱(発作が繰り返された場合)

治療

- 胃を空にする(除染の章を参照)．
- 活性炭は有用ではない．
- 呼吸と体温をモニターする．
- 振戦，ひきつり，発作にはジアゼパムが使用できるが，その他の薬剤が必要になることもある(例：ペントバルビタール，フェ

ノバルビタール）.

- 動物が低体温なら暖め，発熱していれば冷却する．
- 対症療法および補助療法

予後

迅速な治療を行えば良好

イヌハッカ（*Nepeta cataria*）

別名

キャットニップ，キャットミント，catrup

解説/由来

頑丈で，地面からまっすぐ生える，多年生のハーブである．7～9月に，白～紫色の花を咲かせる．ミントのような強い香りと味を持つ．猫のおもちゃやトリーツ（おやつ）によく使われている．この植物を見つけた猫は魅了され，生あるいは乾燥させた植物，ジュース，分泌物などに含まれるネペタラクトンに対して反応を示す．全ての猫がキャットニップに反応するわけではないが，これは常染色体優性遺伝の形質であると考えられている．

毒性学

キャットニップにはシス-トランス-ネペタラクトンと吉草酸が含まれており，エッセンシャルオイルにはシス-トランス-ネペタラクトンとネペタル酸が含まれている．

Nepeta cataria.
© Bruce Works | Dreamstime.com

危険因子

知られていない．

臨床症状

発症

数分以内

代表的な症状

キャットニップは猫に有害ではない．猫は，頭を振り，顎や頬を擦りつけながら，キャットニップの葉(あるいはおもちゃ)を嗅ぎ，舐め，噛む．唾液分泌過多，はっきりとした幻覚，性的興奮および発声がみられることもある．

その他の症状

多幸感によると思われる症状が報告されている．

治療

必要はない．

予後

きわめて良好

イミダクロプリド

解説/由来

外部寄生虫駆除薬(クロロニコチン酸 ニトログアニジン系殺虫剤)であり，猫や犬，ウサギでノミのコントロールのために用いられる．局所投与のスポット・オン製剤が利用できる．農薬として使用されることもある．猫における中毒例のほとんどは，自分自身や他の猫をグルーミングすることで薬剤を摂取したために生じたものである．

毒性学

イミダクロプリドは，昆虫の神経細胞のシナプス後膜に存在するアセチルコリン受容体に結合し，アセチルコリンとの結合を阻害する．その結果，神経刺激の伝達が遮断され，昆虫は麻痺し，死に至る．昆虫と比べて，哺乳類の神経組織ではニコチン性アセチルコリン受容体の分布密度が低いため，イミダクロプリドの哺乳類に対する毒性は低い．

危険因子

知られていない．

臨床症状

発症

即時

代表的な症状

唾液分泌過多，嘔吐，食欲不振

その他の症状

運動失調，知覚過敏，ひきつり，ふるえ．誤って摂取した場合，炎症，舌潰瘍，嚥下障害が起こる可能性がある．

治療

- 消化管除染の必要はない．
- 経口輸液を投与してもよい．
- 対症療法および補助療法

予後

きわめて良好

エチレングリコール

犬の場合は16ページを参照

別名

エタンジオール

解説/由来

不凍液(しばしば鮮やかな色に着色されている)，フロントガラスの洗浄用，ブレーキオイル，インク，冷却剤などに使用される．

毒性学

エチレングリコールは，アルコール脱水素酵素によって多数の毒性代謝産物に変換される．これらの化合物は腎臓を障害し，低カルシウム血症を引き起こす．エチレングリコールは，犬と比べて猫のほうが致死量が小さく，致死率も高い．

危険因子

知られていない.

臨床症状

発症

最初の症状は30分～12時間で生じる. 猫では, 犬よりも発症が早いことがある.

代表的な症状

- **ステージ1(暴露後30分～12時間)**：中枢神経症状(嘔吐, 運動失調, 虚弱, 発作). 代謝性アシドーシス(アニオンギャップの増加), 低カルシウム血症
- **ステージ2および3(暴露後12～24時間)**：循環呼吸器系症状(頻脈, 頻呼吸, 肺水腫). 昏睡や発作の後, 一時的に回復することがある. 泌尿器系症状(乏尿, 高窒素血症, 腎不全)

その他の症状

シュウ酸塩尿, 高血糖, 高カリウム血症, 高リン血症

治療

- 消化管除染は, 動物が摂取後1時間以内で受診した場合のみ意義がある(除染の章を参照).
- 活性炭は有用ではない.
- エタノールは特異的な解毒剤であり, 可能な限り迅速に投与するべきである. ただし, **エタノールは腎不全の猫に投与すべきではない.**
- アルコール脱水素酵素の拮抗的阻害薬であるホメピゾールも適用可能だが, 高価であり, 流通も限られている.
- アシドーシスの場合は炭酸水素ナトリウムを使用する.
- 腎機能のモニター
- 補助療法

予後

早期に受診した動物では慎重, 腎不全を呈した動物は不良

エッセンシャルオイル（精油）

別名

例：チョウジ油，ユーカリオイル，ペパーミントオイル，パイン精油，ティーツリー（*Melaleuca*）オイル

解説／由来

植物由来の油である．多数の用途があり，シャンプー，虫や動物の忌避剤，芳香剤，消臭剤などに用いられる．猫の中毒例では，ティーツリー（*Melaleuca*）オイルの関与が多い．中毒は，猫の皮膚に対するエッセンシャルオイルの不適切な使用の結果として生じる．猫がオイルそのものを飲むことはまれだが，自分や同居動物をグルーミングすることにより摂取することはありうる．

毒性学

エッセンシャルオイルは一般的に非常に親油性が高く，摂取した場合は急速に消化管から吸収される．これらの物質は粘膜に対する刺激性があり，重篤な全身症状を引き起こす可能性があるものも多い．また，揮発性もあるため，嘔吐や悪心，咳などに伴い吸引する危険がある．

危険因子

知られていない．

臨床症状

発症

通常2時間以内

代表的な症状

皮膚や口腔への暴露によっても全身症状が起こりうる．症状はさまざまであり，オイルの種類や濃度によって異なる．唾液分泌過多，沈うつ，無気力，運動失調，ふるえ，腹部不快感が摂取後よくみられる症状である．皮膚への暴露後は脱毛症や皮膚の熱傷が起こることがある．

その他の症状

虚弱，虚脱，昏睡，発作．呼気や吐物，尿，便からオイルの香りがする可能性がある．肝酵素の上昇や腎不全が起こる可能性があ

る．吸引した場合，肺炎と一致する症状(異常肺音，喘鳴，咳，呼吸困難，呼吸不全)がみられる．

治療

摂取

- 口を注意深く水ですすぐ．
- **催吐をしてはならない．** 揮発性があり，呼吸器系疾患を引き起こす危険があるためである．
- 十分な水和
- 呼吸器症状に対しては常法通り管理する．
- 対症療法および補助療法
- 口腔内の炎症が重度の場合，栄養チューブを介した栄養学的なサポートが必要になる可能性がある．

皮膚への接触

- 徹底的に，石鹸または洗剤と水を用いて洗浄する．すすぎも徹底的に行う．低体温に気をつける．
- さらなるグルーミングを防ぐため動物にエリザベスカラーを装着する．

予後

軽度～中等度の症状の動物では良好，呼吸器症状や重度の神経症状がみられる場合は慎重

塩化ベンザルコニウム(BAC)

解説/由来

四級アンモニウム化合物(QAC)で，逆性石鹸に分類され，家庭用あるいは工業用の消毒剤として用いられる．また，一部のテラス洗浄剤にも含まれる．

毒性学

塩化ベンザルコニウムによる主な症状は，それ自体の刺激性に起因しており，局所の組織傷害をもたらす．猫は暴露後数時間後，あるいは数日後に受診することが多い．

危険因子

知られていない．

臨床症状

発症

最長で12時間

代表的な症状

唾液分泌過多，嘔吐，食欲不振，下痢，舌や口腔粘膜の潰瘍．皮膚に付着した場合は紅斑，炎症，潰瘍，脱毛

その他の症状

脱水，沈うつ，発熱，呼吸器症状

治療

- **消化管除染は推奨されない．**
- 皮膚への暴露を受けてすぐならば，水ですすいで汚染を除去する(除染の章を参照)．
- 鎮痛薬が必要になる場合がある．
- 十分な水和
- 口腔内の炎症が重度の場合，栄養チューブを介した栄養学的なサポートが必要になる可能性がある．
- 対症療法および補助療法

予後

良好

オリヅルラン(*Chlorophytum comosum*)

別名

スパイダープラント，リボンプランツ

解説/由来

非常にありふれた観葉植物である．葉は長くて細く，まだら模様と，縦に走る縞(白，クリーム色～淡い緑色)がある．葉はロゼット様に配列する．

毒性学

この植物にはサポニンが含まれている．サポニンは苦く，酸味があり，局所の粘膜に対して刺激性を持つ．しかし，毒性は低いと考えられている．

Chlorophytum sp.
Matti Nissalo と
Lahiru Wijedasa の厚意による

危険因子

知られていない．

臨床症状

発症

通常摂取から数時間以内

代表的な症状

唾液分泌過多，嘔吐，食欲不振，無気力

その他の症状

脱水，沈うつ

治療

- 消化管除染の必要はない．
- 対症療法および補助療法

予後

きわめて良好

カルバメート系殺虫剤

犬の場合は25ページを参照

別名

例：アルジカルブ，ベンダイオカルブ，カルバリル，カルボフラン，フェノキシカルブ，メチオカルブ，メソミル，オキサミル，チオジカルブ

解説/由来

カルバメート系殺虫剤は，庭や家庭用の殺虫剤として，また農業

用としても広く用いられる．液剤，スプレー，粉末があり，供給された状態のままで，あるいは希釈してから用いる．通常，家庭用品に含まれる物質の濃度は低いが，農業用製品はより危険度が高い．

毒性学

カルバメートは，有機リン酸塩と同様に作用する．すなわち，アセチルコリンエステラーゼに結合して阻害する．この結果として神経伝達物質アセチルコリンが蓄積し，ニコチン受容体とムスカリン受容体が活性化する．そのため，ニコチン様作用とムスカリン様作用の両方が生じるが，ニコチン受容体は急速に脱感作状態になる．カルバメート中毒の結果生じる作用の持続時間は，有機リン酸塩による中毒よりも短い傾向がある．また，コリンエステラーゼ再賦活化薬(例えばプラリドキシム)を使う必要はない．

危険因子

知られていない．

臨床症状

発症

通常15分～3時間以内

代表的な症状

唾液分泌過多，気道分泌増加，運動失調，下痢，縮瞳，筋肉の攣縮，ふるえ，ひきつけ，虚弱，知覚過敏，発熱，落ち着きのなさ，尿失禁など，軽度～中等度の症状

その他の症状

重篤例では，虚脱，徐脈，呼吸抑制，発作，チアノーゼ，昏睡が起こる可能性がある．回復後，ミオパシーがまれにみられる．

治療

- 胃を空にする，活性炭の投与(除染の章を参照)
- 中性洗剤とぬるま湯で皮膚を洗い，汚染を除去する(除染の章を参照)．
- 体温を維持し，血液ガスと電解質を測定・補正する．
- 対症療法および補助療法
- コリン作動性効果に拮抗させるためにアトロピンを投与すべきである．

あ
か
さ
た
な
は
ま
や
ら
わ

あ
く
さ
た
な
は
ま
や
ら
わ

予後

積極的な補助療法を行えば良好

グリホサート剤

犬の場合は35ページを参照

解説/由来

グリホサートは，多くの植物への作用を示す，発芽後用除草剤である．抗コリンエステラーゼ活性を持たない有機リン酸系除草剤である．

毒性学

多くの液状製剤に含まれる刺激性界面活性剤であるポリオキシエチレンアミンが，今までに報告されているグリホサート剤の中毒の一部の効果を引き起こしている原因かもしれない．一部の製品では界面活性剤の濃度が15%にも及ぶ．グリホサートの毒性を引き起こすメカニズムは分かっていないが，酸化的リン酸化における脱共役が関わっている可能性がある．本剤で汚染された植物の摂取により軽度の消化器症状が生じる．

危険因子

知られていない．

臨床症状

発症

30分〜6時間

代表的な症状

消化器の炎症(唾液分泌過多，腹痛，嘔吐，下痢)，無気力，発熱ないし低体温，多飲，運動失調，虚弱．呼吸器の合併症(チアノーゼ，頻呼吸，呼吸困難，肺水腫，気管支肺炎)がよくみられる．眼と皮膚の炎症が起こる可能性がある．

その他の症状

虚脱，散瞳，知覚過敏，ひきつり，ふるえ，発作，徐脈，肝酵素の上昇，腎不全

治療

- 活性炭の投与(除染の章を参照)
- 催吐による消化管除染や胃洗浄は避ける．猫では呼吸器系合併症の危険があるためである．
- 発症した全ての猫に対して，肺音の確認
- 十分な水和，必要ならば制吐薬の投与
- 腎機能および肝機能のモニター
- 対症療法および補助療法

予後

多くの場合は良好．呼吸器系の合併症を伴う猫では慎重

コルディリネ属(*Cordyline* species)およびドラセナ属(*Dracaena* species)

解説/由来

これらの植物は非常に近縁である．

- コルディリネ属は常緑の高木ないし低木であり，観葉植物として栽培される．通常，コルディリネ属の植物では，1本の茎からいくつかの枝が出て，先端部に葉が茂る．
- ドラセナ属は一般的な観葉植物であり，さまざまな変種が存在する．葉は，幅が狭く，がさついているか硬く，ピンクと黄色の縞模様のものや，赤い縁取りがあるもの，あるいは深緑色で光沢があるものなどがある．*Dracaena draco*（リュウケツジュ），*Dracaena marginata*（マダガスカルドラゴンツリー），*Dracaena sanderiana*（リボンドラセナ，ラッキー・バンブーとして流通している）など．

Cordyline fruticosa. Matti Nissalo と Lahiru Wijedasa の厚意による

毒性学

毒性のメカニズムは不明だが，この

植物は細胞毒性のあるサポニン類を含む.

Dracaena sp.
©Elizabeth Dauncey

危険因子

知られていない.

臨床症状

発症

通常数時間以内

代表的な症状

唾液分泌過多，嘔吐，食欲不振，無気力，運動失調

その他の症状

散瞳，発熱，腹部不快感，脱水，白血球増多，四肢の浮腫

治療

- 消化管除染の必要はない.
- 脱水に対して静脈内輸液を行い，嘔吐を防ぐために制吐薬を投与する.

予後

良好

シクラメン属（*Cyclamen* species）

解説/由来

花を咲かせる草本植物であり，森や生け垣，草地でみられるほか，観賞用として庭や室内用の鉢植え植物としても栽培されている．葉や花は，平たい塊茎からロゼット様に生える．葉の形や色は品種によりさまざまである．多くの種では，前年の秋からの葉は，夏には枯死する．花は，品種にもよるが1年のうちいつでもみられる．茎の先端部が曲がっているため，花（白，ピンクあるいは紫色）は俯向くように咲く．

毒性学

この植物にはトリテルペノイドサポニンが含まれている．トリテルペノイドサポニンはつんとした嫌な臭いがするので，大量に食べてしまうことはあまりない．サポニン類は，全身への作用はもちろん，粘膜の局所刺激作用も持つが，正確な作用機序についてはわかっていない．サポニン類は消化管からあまり吸収されないので，急性暴露によって重篤な臨床症状が生じることは考えにくい．

Cyclamen sp. ©Elizabeth Dauncey

危険因子

知られていない．

臨床症状

発症

4～6時間

代表的な症状

唾液分泌過多，食欲不振，嘔吐，下痢

その他の症状

アレルギー反応が起こることがある．

治療

- 消化管除染の必要はないと思われる．
- 水が飲めるようにしておく．
- 対症療法および補助療法

予後

良好

あ
か
し
た
な
は
ま
や
ら
わ

ジクロロフェン

解説/由来

犬と猫において，条虫の駆除に用いられる駆虫薬である．

毒性学

毒性の発現には，酸化的リン酸化の脱共役が関与していると考えられる．一部の動物では薬用量でも症状が引き起こされることがある．

危険因子

知られていない．

臨床症状

発症

通常3時間以内，時に最大で12時間

代表的な症状

嘔吐，唾液分泌過多，運動失調，無気力，食欲不振，頻脈，発熱，知覚過敏，虚脱

その他の症状

食欲不振，過換気，散瞳，呼吸困難，協調不全

治療

- 胃を空にする(除染の章を参照)．
- 急性例では活性炭の投与(除染の章を参照)
- 対症療法および補助療法

予後

きわめて良好

スパティフィラム属（*Spathiphyllum* species）

別名

ピース・リリー，White sails，ササウチワ

解説/由来

非常にありふれた家庭用の鉢植え植物で，高さ1.2mまで成長する．葉は長く，光沢があるものかビロードのように柔らかいものが多い．葉の上部は濃緑色だが，下部は色が薄い．花はとても小さく，柱状の肉穂花序である．イギリスおよびアイルランドで生育しているスパティフィラム属では，果実がみられることはまれである．

毒性学

スパティフィラム属はシュウ酸カルシウム結晶を含んでいる．特殊な細胞内に，針状のシュウ酸カルシウムの結晶が大きな束状になって存在しており，何らかの刺激（押しつぶす，薄く切る，など）を受けるとこれらの結晶が矢継ぎ早に発射され，それがなくなるまで続く．傷害のメカニズムについてはまだ議論の余地があるものの，一般的には，結晶が組織に侵入することで，その他の炎症物質や刺激性物質が侵入しやすくなることが原因だと考えられている．

危険因子

知られていない．

臨床症状

発症

さまざまである．1～24時間

代表的な症状

唾液分泌過多，下痢，嘔吐，食欲不振，無気力，運動失調，多飲

その他の症状

重篤な口腔内潰瘍が起こる可能性がある．腎不全が起こることがあるが，まれである．

Spathiphyllum blandum.
©Elizabeth Dauncey

あ
か
せ
た
な
は
ま
や
ら
わ

治療

- 催吐の必要はないと考えられる．
- 十分な水和，必要に応じて制吐薬の投与
- 重篤例では腎機能を確認する．
- 対症療法および補助療法

予後

多くの場合は良好．腎臓への影響がみられる動物では慎重

石油蒸留物

解説/由来

原油の蒸留によって得られる，複雑な化学混合物である．脂肪族炭化水素と芳香族炭化水素の両方が含まれる．

毒性学

皮膚や粘膜に対して刺激性がある．吸入もしくは大量に摂取した場合は，中枢神経抑制を引き起こすことがある．吸引性肺炎によって重篤な臨床症状が引き起こされる．揮発性が高いほど，吸引性肺水腫の危険が高まる．

危険因子

知られていない．

臨床症状

発症

通常1～8時間

代表的な症状

悪心，唾液分泌過多，嘔吐，口腔内潰瘍，食欲不振，腹部圧痛，下痢．皮膚への暴露の場合，水疱，炎症，熱傷，脱毛が生じることがある．

その他の症状

吸引すると，咳，呼吸困難，肺水腫が生じることがある．臨床症状は最初の24～48時間で進行し，3～10日後には回復する．全身的

な中毒症状としては運動失調, 協調不全, ふるえ, 傾眠, 昏睡がある.

治療

- 催吐や胃洗浄による消化管除染は, 吸引のリスクがあるため**禁忌である.**
- 活性炭は有用ではない.
- 皮膚を中性洗剤とぬるま湯で洗い, 汚染を除去する(除染の章を参照).
- カラーをつけて他の動物から隔離し, 相互汚染を防止する.
- 十分な水和
- 対症療法および補助療法
- 吸引が疑われる場合は, 呼吸状態を評価し, 肺炎に進行していないか確認する.

予後

多くの場合は良好. 吸引した場合は慎重

ゾピクロン

犬の場合は73ページを参照

解説/由来

シクロピロロン系催眠剤であり, ヒトの不眠症の短期的な治療に用いる.

毒性学

ゾピクロンはベンゾジアゼピン類とは関連がない. 神経伝達物質γ-アミノ酪酸(GABA)受容体に作用するが, ベンゾジアゼピン類とは作用部位が異なる. 鎮静作用, 抗痙攣作用および筋弛緩作用を持つ. この薬剤に対する動物の反応はさまざまで, 用量に依存しない.

危険因子

知られていない.

臨床症状

発症

通常4時間以内

代表的な症状

傾眠，運動失調，無気力，嘔吐

その他の症状

上記と矛盾するが，一部の猫では過活動，知覚過敏，唾液分泌過多，頻脈，興奮，攻撃，発熱がみられることがある．瞳孔散大がみられることがある．低血圧，昏睡，呼吸不全がヒトでは報告されており，猫でも起こる可能性がある．

治療

- 胃を空にする，活性炭の投与(除染の章を参照)
- 重度の呼吸抑制あるいは中枢神経抑制がみられる動物では，フルマゼニルの投与を検討するが，必要になることはまれである．**用量**：0.01～0.02mg/kg i.v.必要に応じて30分ごとに繰り返す．
- 対症療法および補助療法

予後

良好

トラマドール

犬の場合は79ページを参照

解説/由来

トラマドールはオピオイド性鎮痛薬であり，軽度～中等度の疼痛の治療に用いられる．

毒性学

トラマドールは，オピオイド受容体に対する親和性は低いが，μ受容体に対していくらかの選択性を持つ．主な鎮痛効果はノルアドレナリンとセロトニンの再取り込みを抑制することによると考えられている．

危険因子

てんかんが発作のリスクを上昇させる可能性がある（ヒトのてんかん患者では禁忌になっている）．

臨床症状

発症

通常5時間以内だが，徐放剤を摂取した場合は遅延する可能性がある．

代表的な症状

口から泡を吹く，唾液分泌過多，傾眠，無気力，沈うつ，運動失調，嘔吐，散瞳

その他の症状

猫では不快感，あるいは多幸感を示すことがある．呼吸抑制，チアノーゼ，低体温，昏睡，発作．まれに興奮，頻脈，頻呼吸，発熱

治療

- 胃を空にする，活性炭の投与(除染の章を参照)
- 必要に応じて体を温める．
- 重度の呼吸抑制あるいは中枢神経抑制に対してナロキソンを用いることがある．
- 対症療法および補助療法

予後

良好

塗料(ペンキ)

解説/由来

装飾材料，ないし画材である．一部の塗料は，塗った箇所が登りにくくなるように，あるいは汚れがつきにくいように設計されている．

毒性学

エマルジョンペイント，水彩絵の具，そしてアクリル絵の具は，皮膚や粘膜に刺激性があるのみである．艶出し塗料，油絵の具，溶媒系塗料と防登ペンキ(これらは一般に油溶性)も同様に刺激性があるが，毛皮についた場合は水彩絵の具などよりも除去しにくい．グルーミングにより経口摂取することもありうる．これらの溶媒系塗料には，潜在的なリスクとして吸引あるいは吸入によ

る肺炎があり，動物が嘔吐した場合や，塗料がこぼれた場所に閉じ込められた場合などに起こる可能性がある．乾いた塗料を口にしたとしても（古い塗料で，鉛を含んでいる場合を除けば）危険性はない．

危険因子

知られていない．

臨床症状

発症

4時間以内

代表的な症状

経口摂取後：悪心，嘔吐および唾液分泌過多．艶出し塗料や油絵の具，専門的な用途の塗料の場合は，口腔内や舌の重度の炎症，食欲不振，脱水を引き起こすことがある．

皮膚への付着：艶出し塗料，油絵の具，専門的な用途の塗料は，付着した皮膚に重度の炎症，乾燥，紅斑を引き起こすことがある．

その他の症状

経口摂取後：嘔吐や悪心により溶媒を吸引した結果，吸引性肺炎が生じうる．

治療

- 水溶性塗料の場合は，皮膚を中性洗剤とぬるま湯で洗い，汚染を除去する（除染の章を参照）．
- その他全ての塗料の場合は，ゲル・ディグリーザー（洗浄剤）の使用を検討する．ただし，よく洗い流す必要がある．もしゲル・ディグリーザーが利用できない場合は，植物油やベビーオイルを用いるが，これらも同様に，除染の後に徹底的に除去する必要がある．
- **塗料を皮膚から取り除くにあたり，決してアルコール，テレピン油，溶媒を使用してはならない．** 可能ならば被毛をカットするか剃る．グルーミング防止のために，動物を隔離し，エリザベスカラーを着用させる．
- 十分な水和，栄養補給
- 可能ならば呼吸機能を評価する．
- 対症療法および補助療法

予後

良好

ニームオイル

別名

インドセンダン油，ニームエキス

解説/由来

苦く，食用に適さない油で，アジアの樹木 インドセンダン(*Azadirachta indica*)の種子に由来する．漢方薬として広く使われており，さまざまな物質(殺虫作用のあるアザジラクチンなど)を含む．猫でノミの治療に用いる．

毒性学

毒性のメカニズムは不明である．

危険因子

知られていない．

臨床症状

発症

30分〜48時間

代表的な症状

無気力，協調不全，唾液分泌過多，食欲不振，腹部不快感，嘔吐，下痢，運動失調，頻脈，ふるえ，ひきつり，筋攣縮，知覚過敏，発作，発熱

その他の症状

腎不全，肝酵素上昇．塗布部位に局所の炎症，潰瘍，脱毛が生じることがある．

治療

- 猫が深刻な症状を呈している場合は，皮膚を中性洗剤とぬるま湯で洗い，汚染を除去する(除染の章を参照)．
- 対症療法および補助療法

■ 肝機能および腎機能のモニター

予後

神経症状がなければ良好．発作が起こった場合は慎重

ニテンピラム

犬の場合は83ページを参照

解説/由来

ニテンピラムはネオニコチノイド系殺虫剤であり，猫および犬に，ノミをコントロールする目的で経口投与する．

毒性学

ニテンピラムは昆虫のニコチン性アセチルコリン受容体を阻害するが，アセチルコリンエステラーゼは阻害しない．哺乳類においてはニテンピラムの毒性は低いと考えられている．猫は薬用量の10倍の投与にも忍容性を示す．

危険因子

知られていない．

臨床症状

発症

1～2時間

代表的な症状

ひっかき行動の増加，唾液分泌過多，知覚過敏，嘔吐および下痢，過活動，パンティング

その他の症状

頻呼吸，頻脈

治療

■ 消化管除染は重篤な症状が予想されるとき以外は必要ではない．
■ 対症療法および補助療法

予後

良好

ニトロスカネート

犬の場合は84ページを参照

解説/由来

ニトロスカネートは，イソチオシアン酸系駆虫薬であり，犬で用いられる．猫での使用は認可されていない．

毒性学

ニトロスカネートは，200mg/kgまで増量したとしても，通常の猫は良好な忍容性を示す．症状は用量依存性ではなく，薬用量やほんの少しの過剰摂取でも起こることがある．

危険因子

知られていない．

臨床症状

発症

1～12時間

代表的な症状

運動失調と協調不全が最も多い．

その他の症状

沈うつ，食欲不振

治療

- 消化管除染は多量摂取でない限り必要ではない(除染の章を参照)．
- 対症療法および補助療法

予後

良好

布類の洗剤

解説/由来

液体，粉末，あるいはゲル状の，洗剤および柔軟剤であり，布製品の手洗いや機械洗濯に用いられる．多くの製品には，緩衝剤や防腐剤とともに，ある種の酵素成分が含まれている．

毒性学

布類の洗濯用製品に使われている化学物質のほとんどは刺激性があるのみだが，これらの製品はよりコンパクトな形で提供されるようになってきており，それゆえに成分の濃度も高くなってきている．

危険因子

知られていない．

臨床症状

発症

4時間以内

代表的な症状

嘔吐，唾液分泌過多，悪心，下痢，胃腸不快感．汚染された毛皮をグルーミングするか，濃度の高い溶液を摂取した場合は，口腔や舌の重篤な炎症により，食欲不振や脱水が引き起こされる場合がある．皮膚への暴露により，紅斑，皮膚炎，まれに皮膚の熱傷が生じる可能性がある．

その他の症状

嘔吐や悪心に伴い洗剤を吸引した場合は誤嚥性肺炎が生じる場合がある．

治療

- 消化管除染は推奨されない．
- 可能であれば，皮膚を洗浄する(除染の章を参照)．
- 動物の隔離とエリザベスカラー装着を検討
- 十分な水和
- 呼吸器症状がみられる場合は，肺音を確認し，必要に応じて胸部X線を撮影する．
- 対症療法および補助療法

- 口腔内の潰瘍が重篤な場合，栄養学的なサポートが必要になる可能性がある．

予後

軽度～中等度の症状の動物では良好，呼吸器症状がみられる場合は慎重

パラセタモール

犬の場合は90ページを参照

別名

アセトアミノフェン

解説/由来

非麻薬性鎮痛薬であり，一般に経口用の鎮痛薬と組み合わせて用いられる．

毒性学

パラセタモールは，肝臓でグルクロン酸抱合，硫酸抱合，酸化などの代謝を受ける．グルクロン酸抱合体と硫酸抱合体は毒性を示さない．猫は薬剤をグルクロン酸抱合する能力が低いため，薬剤は主に硫酸抱合を受けて排泄される．しかしこの経路は，高容量のパラセタモールを摂取すると飽和し，酸化反応がより多くなる．その結果として高い反応性を持つ代謝産物が生成され，グルタチオンを枯渇させるとともに，細胞内の巨大分子に結合して細胞死をもたらす．さらに，この代謝産物はメトヘモグロビンの生成とハインツ小体の形成をもたらし，赤血球の細胞膜を変性させる．猫のヘモグロビンは特に酸化的損傷に対する感受性が高い．**500 mgの錠剤たった一つでも，猫に対して毒性を示しうる．**

危険因子

- 栄養失調
- 食欲不振
- 薬物代謝酵素誘導薬との併用

臨床症状

発症

4〜12時間以内，肝酵素の上昇は24時間以内に始まる．

代表的な症状

メトヘモグロビン血症に由来する症状(沈うつ，虚弱，嘔吐，顔面や肉球の浮腫，茶色い可視粘膜，頻脈，頻呼吸，呼吸困難，低体温)

その他の症状

血色素尿，肝壊死(猫ではあまり多くない)，腎障害

治療

- 胃を空にする，活性炭の投与(除染の章を参照)
- アセチルシステインはパラセタモールの解毒剤であり，毒性代謝産物と結合し，グルタチオン前駆体として作用する．
- 肝機能および腎機能のモニター
- メトヘモグロビン血症の場合はビタミンC，硫酸ナトリウム(濃度1.6%，50mg/kg，i.v. 4時間おき，最大24時間まで)，メチルチオニニウム塩化物(メチレンブルー)を必要に応じて用いる．
- 呼吸不全に対して酸素の投与
- 重度のメトヘモグロビン血症の場合は輸血が必要になる場合がある．
- 対症療法および補助療法

予後

慎重．アセチルシステインでの治療は効果的だが，迅速で積極的な管理が必要不可欠である．

光るノベルティグッズ

解説/由来

ハロウィンやガイ・フォークス・ナイトでよく使われるノベルティグッズ，例えば暗いところで光るネックレス，ケミカルライト，蛍光のネックレスやブレスレット，杖など．液体の混合物で満たされたプラスチックの管からできており，さまざまな色で光る．

毒性学

これらの製品は，フタル酸ジブチルを含有しているものが多い．この物質の毒性は低い．不快な味がするため，通常摂取する量は少なく，全身症状は起こらない．症状は軽度で，一過性であることが多い．

危険因子

知られていない．

臨床症状

発症

即時

代表的な症状

唾液分泌過多

その他の症状

口から泡をふく，嘔吐，攻撃，多動

治療

不快な味を消すために経口輸液を与える．

予後

きわめて良好

ヒキガエル毒（蟾酥）

犬の場合は96ページを参照

解説/由来

イギリスには2種類のヒキガエルが生息している．ヨーロッパヒキガエル(*Bufo bufo*)と，極めてまれなナッタージャックヒキガエル(*Bufo calamita*)である．ほとんどの中毒症例は，ヒキガエルが産卵する季節である夏に発生する．

毒性学

全ての*Bufo*属のヒキガエルは耳下腺を持ち，恐怖を感じたときにそこから毒液を分泌する．全てのヒキガエルは同様の毒液を分泌するが，その毒性は種によって異なる．毒液にはさまざまな心毒性物質，カテコラミン類，インドールアルキルアミン類が含まれている．イギリスでは重篤な中毒例はまれである．

危険因子

知られていない．

臨床症状

発症

通常は30〜60分

代表的な症状

唾液分泌過多，口から泡をふく，嘔吐，粘膜の紅斑，啼鳴，不安，運動失調，ふるえ

その他の症状

ひきつり，頻脈あるいは徐脈，発熱，発作，昏睡，不整脈

治療

- 消化管除染の必要はない．
- 口腔を水で洗い，汚染を除去する．
- 心拍数，呼吸，体温をモニター
- 唾液分泌過多や徐脈に対してアトロピンを用いてもよい．
- 頻脈にはβ遮断薬を処置する．
- 対症療法および補助療法

予後

良好

非ステロイド性抗炎症薬（NSAID）

犬の場合は97ページを参照

別名

例：アセクロフェナク，アセメタシン，カルプロフェン，セレコキシブ，デクスイブプロフェン，デクスケトプロフェン，ジクロフェナク，エトドラク，エ

トリコキシブ，フェンブフェン，フルルビプロフェン，イブプロフェン，インドメタシン，ケトプロフェン，ケトロラク，マバコキシブ，メロキシカム，ナブメトン，ナプロキセン，パレコキシブ，ピロキシカム，ロベナコキシブ，スリンダク，チアプロフェン酸，トルフェナム酸．パラセタモールも参照

解説/由来

NSAIDsは鎮痛作用と抗炎症作用の両方を示し，炎症を伴う疼痛の治療に用いられる．NSAIDsはシクロオキシゲナーゼ(COX)を阻害することによりプロスタグランジン類の産生を減少させる．プロスタグランジン類は，胃酸産生の調節，粘液分泌の促進と，胃の上皮細胞からの重炭酸塩分泌の促進，粘膜血流の調節に関与している．腎臓では，プロスタグランジン類は腎臓の恒常性を保つ働きを示す．COX-1は調節作用を持つプロスタグランジン類の産生に関与している．一方でCOX-2は誘導型で，主に炎症反応に関与するプロスタグランジン類の合成に関与している．

毒性学

個々のNSAIDの毒性は，どちらのアイソフォームのCOXをどの程度阻害するのか，によって決まる．イブプロフェンの猫に対する毒性についての情報は限られている．多くの論文によると，猫はグルクロン酸抱合能が低いため，犬よりもイブプロフェンに対する感受性が2倍高いとされている．しかし，臨床的にはエビデンスはない．付け加えるなら，イブプロフェンに対する主な代謝経路は，その他の動物とヒトでは(一部の代謝物質のグルクロン酸抱合は起こるものの)主に酸化である．

危険因子

脱水，低血圧，腎不全の既往歴

臨床症状

発症

通常2〜6時間

代表的な症状

食欲不振，嘔吐，無気力，下痢，メレナ，吐血，腹部圧痛，運動失調，多飲，多尿

その他の症状

ふるえ，傾眠，虚弱，沈うつ，消化管潰瘍，発作，腎不全．まれに肝障害

治療

- 胃を空にする，活性炭の投与(除染の章を参照)
- 十分な水和，必要に応じて制吐薬の投与
- 腎機能と肝機能のモニター
- 消化管保護剤を推奨(小動物の処方集を参照)
- プロスタグランジン類似体(ミソプロストール)の使用を推奨
- 対症療法および補助療法

予後

早期に治療を受ければ良好．重度の腎不全がみられる動物では慎重

ピペラジン

解説/由来

消化管寄生回虫の治療に用いられる駆虫薬である．

毒性学

ピペラジンはγ-アミノ酪酸(GABA)作動薬として作用し，寄生虫の神経細胞膜の過分極を引き起こす．その結果，神経細胞膜は活性化を受けづらくなり，神経伝達が減少するので，寄生虫は麻痺する．哺乳類においてピペラジンは平滑筋，心筋および骨格筋に作用する．平滑筋の収縮はムスカリン性コリン作動性受容体により引き起こされると考えられている．薬用量でも副作用が生じる可能性がある．

危険因子

知られていない．

臨床症状

発症

12～24時間以内

代表的な症状

運動失調，唾液分泌過多，嘔吐，知覚過敏

その他の症状

下痢，ふるえ，ひきつり，ヘッドプレス，食欲不振，散瞳，虚弱，無気力，過換気，呼吸抑制，発作

治療

- 胃を空にする，活性炭の投与(除染の章を参照)
- 対症療法および補助療法
- 鎮静や発作の管理のためにジアゼパムを用いることがある．

予後

良好

プラジクアンテル

犬の場合は107ページを参照

解説/由来

プラジクアンテルは，ピラジノイソキノリン誘導体の広域駆虫薬であり，吸虫や条虫感染症の治療薬として用いられる．

毒性学

プラジクアンテルは安全域が広く，毒性試験では大量投与にも忍容性を示した．治療において副作用が発生する確率は低い．哺乳類における毒性のメカニズムは不明である．

危険因子

知られていない．

臨床症状

発症

おそらく数時間以内

代表的な症状

唾液分泌過多，嘔吐，沈うつ，下痢

あ
か
さ
た
な
ふ
ま
や
ら
わ

その他の症状

なし

治療

- 消化管除染の必要はない．
- 必要に応じて対症療法および補助療法

予後

きわめて良好

フルオロキノロン系抗菌薬

別名

例：ダノフロキサシン，ジフロキサシン，エンロフロキサシン，イバフロキサシン，マルボフロキサシン

解説/由来

さまざまなグラム陰性細菌に有効性を示す抗菌薬である．

毒性学

これらの薬剤は，細菌のDNAジャイレース(トポイソメラーゼII型)を抑制し，細菌DNA複製の合成を防ぎ，細菌の増殖を妨げる．これらの薬剤の忍容性は良好だが，きわめて大量の薬剤に暴露された場合は発作が引き起こされることがある．フルオロキノロン系抗菌薬はγ-アミノ酪酸(GABA)遮断薬として働き，*N*-メチル-D-アスパラギン酸(NMDA)受容体に結合するためである．

危険因子

高齢，腎不全あるいは肝機能不全(まれで，個体特異的な反応である網膜変性が，特にエンロフロキサシンの使用時にみられることがある)．

臨床症状

発症

通常数時間以内

代表的な症状

消化器症状(嘔吐，唾液分泌過多，食欲不振，軟便あるいは下痢，食欲不振および無気力)

その他の症状

きわめて大量に摂取した場合は運動失調，ふるえ，発作が生じることがある．高用量での投与，あるいは血漿中濃度が高い場合には，失明のリスクがある．

治療

- 消化管除染は，大量の薬剤に急性暴露した場合のみ必要だと考えられる．胃を空にし，活性炭を投与する(除染の章を参照)．
- 十分な水和
- 発作に対してジアゼパムの投与
- 対症療法および補助療法

予後

良好

ペルメトリン

解説/由来

ピレスロイド系殺虫剤であり，防虫や駆虫に用いられる．動物に直接塗布する製剤(スポットオン製剤，シャンプー，ノミ駆除スプレー，ノミよけ首輪)や，動物の生活環境に用いる製剤(粉末剤，スプレー)などがある．猫は，犬用のスポットオン製剤を間違って塗布された場合や，犬との共同生活中にペルメトリンを塗布された犬，あるいはその寝具に接触することなどにより暴露される．

毒性学

ペルメトリンは，神経細胞の膜電位依存性ナトリウムチャネルの動態を変化させ，反復放電や脱分極を引き起こす．猫は非常に感受性が高いが，これはおそらく，猫の肝臓は比較的グルクロン酸抱合能が低いためである．その結果，ペルメトリンの排泄が遅延し，代謝産物が蓄積すると考えられる．

あ
か
さ
た
な
へ
ま
や
ら
わ

あ
か
さ
た
な
へ
ま
や
ら
わ

危険因子

知られていない．

臨床症状

発症

1～3時間，最大36時間まで遅延することがある．

代表的な症状

嘔吐，唾液分泌過多，運動失調，散瞳，頻脈，過活動，知覚過敏，発熱，頻呼吸，ふるえ，ひきつり，筋攣縮，発作，呼吸不全

その他の症状

付着した部位の局所的な炎症，脱毛．尿閉がときどき起こる．

治療

- 皮膚を中性洗剤とぬるま湯で洗い，汚染を除去する(除染の章を参照)．
- ふるえ，ひきつり，発作に対してはジアゼパムを用いるが，それ以外の薬剤も必要になるかもしれない(例：ペントバルビタール，フェノバルビタール，プロポフォール，メソカルバモール)．
- 冷却処置が必要になるかもしれない．
- その他の治療に反応しない重篤な症例では脂肪乳剤の静脈内注射を検討する．
- 対症療法および補助療法

予後

軽度の症例では良好．発作の管理ができなければ不良

ベンゾジアゼピン

犬の場合は111ページを参照

別名

例：アルプラゾラム，ブロマゼパム，クロルジアゼポキシド，クロバザム，クロナゼパム，クロラゼプ酸，ジアゼパム，フルニトラゼパム，フルラゼパム，ロプラゾラム，ロラゼパム，ロルメタゼパム，ミダゾラム，

ニトラゼパム，オキサゼパム，テマゼパム

解説/由来

ベンゾジアゼピンは，鎮静薬，抗不安薬，抗けいれん薬，麻酔前投与薬として用いられる.

毒性学

ベンゾジアゼピンは抑制性神経伝達物質のγ-アミノ酪酸(GABA)の作用を増強する.

危険因子

知られていない.

臨床症状

発症

通常2時間以内．特異体質性肝壊死が，ジアゼパム投与開始後4日以内に生じることがある.

代表的な症状

運動失調，協調不全，傾眠

その他の症状

ふるえ，無気力，沈うつ，虚弱，嘔吐，低体温，眼振，見当識障害，多飲，過食，昏睡，低血圧，呼吸抑制．一部の動物では矛盾した症状，すなわち多動，知覚過敏，興奮，落ち着きのなさ，攻撃，発熱がみられる．猫ではジアゼパムによる治療中に特異体質性肝壊死が生じることがある.

治療

- 活性炭の投与(除染の章を参照)
- 対症療法および補助療法
- 重篤な呼吸抑制ないし中枢神経抑制がみられる動物ではフルマゼニルの使用を検討する．**用量**：0.01～0.02mg/kg i.v.必要ならば約30分後に再投与

予後

良好

あ か さ た な ほ ま や ら わ

ポインセチア（*Euphorbia pulcherrima*）

別名

ポインセチア

解説/由来

多年生の観賞用・家庭用植物であり，一般的に，クリスマスの時期に鉢植えに入った形で入手できる．最大で25～40cmの大きさまで成長し，大きな緑色の葉を持つ．花は非常に小さく，巨大な赤い(時に白，クリーム色，ピンク，多色の)包葉に囲まれている．この包葉はしばしば花弁と間違えられる．

毒性学

ポインセチアには毒性があると言われているが，これは概して誤りである．*Euphorbia*属はジテルペンエステルを含むが，ポインセチアにおけるこの物質の濃度は，その他の種に比べて非常に低い．摂取後にみられる典型的な作用としては刺激性がある．伴侶動物の重篤な中毒例はめったに報告されない．

Euphorbia pulcherrima.
©Elizabeth Dauncey

危険因子

知られていない．

臨床症状

発症

症状は通常急性に発症し，自己限定的である．

代表的な症状

嘔吐，唾液分泌過多，食欲不振，無気力，沈うつ

その他の症状

なし

治療

- 消化管除染の必要はない.
- 十分な水和
- 対症療法および補助療法

予後

きわめて良好

ミルベマイシン

犬の場合は119ページを参照

解説/由来

ミルベマイシンは大環状ラクトン性駆虫薬であり，単剤もしくはその他の駆虫薬と合わせて用いられる.

毒性学

ミルベマイシンは，線虫類と昆虫において，塩素イオンの膜透過性(グルタミン酸作動性塩素イオンチャネルを介する)を増加させる．この結果として神経と筋肉の細胞膜の過分極が生じ，寄生虫は弛緩麻痺を起こし，死亡する．猫では神経症状が引き起こされることがある.

危険因子

若齢

臨床症状

発症

一般的には2～12時間

代表的な症状

運動失調，ふるえ，ひきつり，虚脱

その他の症状

知覚過敏，傾眠，低体温，昏睡

治療

- 胃を空にする，活性炭の投与(除染の章を参照)

- その他の治療に反応しない重篤な症例では脂肪乳剤の静脈内注射を検討する.
- 対症療法および補助療法

予後

ほとんどの症例では良好だが，重度の神経症状を呈する猫では慎重

メタアルデヒド

犬の場合は120ページを参照

解説/由来

メタアルデヒドは，多くの軟体動物駆除剤に含まれている．キャンプ用コンロのパック燃料にも含まれている.

毒性学

毒性のメカニズムは完全には解明されていない．主に，抑制性の神経伝達物質γ-アミノ酪酸(GABA)の濃度を減少させることにより毒性を示すことが示唆されている.

危険因子

知られていない.

臨床症状

発症

非常に早い．しばしば30分以内

代表的な症状

知覚過敏，ふるえ，ひきつり，発作，発熱，パンティング，呼吸困難，チアノーゼ

その他の症状

眼振，頻脈，頻呼吸あるいは呼吸抑制

治療

- 重篤な臨床症状が急速に生じることから，催吐は危険を伴う．しかし将来的に重症になりうる症例では，麻酔下での胃洗浄を

あ か さ た な は め や ら わ

考慮するべきである(除染の章を参照).
- ひきつりあるいは発作は積極的に管理する．ジアゼパムから開始し，段階的に全身麻酔(プロポフォールやイソフルランを使用)まで強化する.
- 必要に応じて冷却
- 対症療法および補助療法

予後

症状が軽度の症例では良好．発作の管理ができなければ不良

有機リン系殺虫剤

犬の場合は128ページを参照

別名

例：クロルフェンビンホス，クロルピリホス，デメトン-S-メチル，ジムピレート(ダイアジノン)，ジクロルボス，ジメトエート，フェニトロチオン，フェンチオン，ヘプテノフォス，マラチオン，ピリミフォス-メチル

解説/由来

庭園用，家庭用，農業用の殺虫剤である．**メモ**：一部の製剤は石油蒸留物を溶剤として含む.

毒性学

有機リン剤(OPs)は，アセチルコリンエステラーゼに結合して阻害するので，神経伝達物質アセチルコリンの蓄積と，ニコチン受容体の活性化を引き起こす．その結果，ニコチン様作用とムスカリン様作用の両方が生じる(ただし，ニコチン受容体は速やかに脱感作する)．有機リン系殺虫剤は，家庭用製品には低い濃度でしか含まれないので，重大な中毒はまれである．農業用製品はより危険性が高い.

危険因子

知られていない.

臨床症状

発症

通常12～24時間以内

代表的な症状

唾液分泌過多，運動失調，下痢，縮瞳，筋痙攣，ふるえ，ひきつり，虚弱，動揺，知覚過敏，発熱，落ち着きのなさ，尿失禁

その他の症状

徐脈，呼吸抑制，発作，昏睡．一部の有機リン剤は遅発性神経障害を引き起こす．

治療

- 製剤にもよるが，胃を空にし，活性炭の投与(除染の章を参照)
- 中性洗剤とぬるま湯で皮膚を洗い，汚染を除去する(除染の章を参照)．
- コリン作動性効果に拮抗させるために，アトロピンを投与する．アトロピンは，標的器官のムスカリン受容体の作用を遮断することにより，有機リン系殺虫剤の作用と非競合的に拮抗する．
- 必要に応じて冷却処置
- 重篤例ではプラリドキシムを投与したほうがよい場合がある．プラリドキシムはコリンエステラーゼ再賦活化薬であり，アセチルコリンエステラーゼを脱リン酸化する．アトロピンによる治療の補助として使うと最も効果的である．
- 対症療法および補助療法

予後

良好

ユッカ属（*Yucca* species）

解説／由来

多年生の低木ないし高木であり，一部は室内用の鉢植え植物として一般的．形態および見た目は，種によって非常にさまざまである．一部にはとげがある．

毒性学

毒性は低いと考えられている．一部の種は，刺激性を示す可能性があるサポニンを含んでいる．とげにより機械的な障害が発生する可能性がある．

Yucca sp.
©Elizabeth Dauncey

危険因子

知られていない．

臨床症状

発症

通常2～4時間以内

代表的な症状

悪心，唾液分泌過多，下痢，嘔吐，食欲不振，脱水

その他の症状

機械的な障害

治療

- **消化管除染の必要はなく，とげがある種類を摂取した場合は，むしろ避けるべきである．**
- 十分な水和
- 刺激の少ない食餌
- 対症療法および補助療法

予後

きわめて良好

ユリ属（*Lilium* species）および ワスレグサ属（*Hemerocallis* species）

別名

ユリ

解説／由来

華やかな花をつける，室内あるいは庭園でみられる植物である．球根から成長する．花束に使われていることもある．**メモ**：ユリ属（*Lilium* species）が真のユリである．*Lilium asiatica*（アジアティック・リリー），*Lilium hydridum*（Japanese showy lily），*Lilium lancifolum*（類義語：*Lilium tigrinium*）（オニユリ），*Lilium longiflorum*（テッポウユリ），*Lilium orientalis*（スターゲイザー，オリエンタル・リリー），*Lilium rubrum*（ヤマユリ），*Lilium speciosum*（カノコユリ），*Lilium umbellatum*（ウエスタン・ウッド・リリー）．デイ・リリーはワスレナグサ属（*Hemerocallis* sp.）である．他にも，多数の関連のない植物に慣用名としてユリが使われている．

Lilium sp.
©Elizabeth Dauncey

Hemerocallis sp.
©Elizabeth Dauncey

毒性学

植物の全ての部位が腎毒性を示し，腎臓の尿細管上皮細胞の壊死を引き起こす．摂取から18～24時間以内に治療を開始しなければ死亡率は非常に高い．腎毒性の原因は不明である．

危険因子

腎不全の既往歴

臨床症状

発症

通常2〜6時間，腎不全は24〜72時間で生じる．

代表的な症状

嘔吐，食欲不振，沈うつ，腎不全

その他の症状

多尿，多飲，膵炎，発作

治療

- 胃を空にする，活性炭の投与(除染の章を参照)
- 皮膚や毛皮に花粉が付着していたら，徹底的に洗う(除染の章を参照)．
- 積極的な静脈内輸液，腎機能のモニター
- 対症療法および補助療法

予後

腎不全の発症よりも早く治療を開始できれば良好．腎不全の徴候がみられる場合は慎重

(現) 病歴のチェックリスト

悲しいことだが，動物の中毒はそう珍しいことではない．多くの物質は，偶然に暴露したとしてもそれほど重大な臨床症状や中毒症状は引き起こさないが，一方で一部の物質は，伴侶動物にとってきわめて危険である．症例の状態は急速に悪化することもあるので，迅速な対応が必要不可欠だ．(現)病歴を可能な限り完全に記録することは，適切なトリアージと除染，効率よくかつ最適な管理を行うために重要である．以下に，中毒症例での病歴の記録に必要な情報をまとめた，便利なチェックリストを掲載する．症例によっては，実際の事故現場が目撃されていないこともある．そのような場合でも，このチェックリストは有用だろう．

これらのデータや，本ガイドの内容は，中毒の可能性がある場合，次にどうすべきか判断するのに役立つだろう．最悪の事態を想定して治療を行うこと．除染の方法に関する具体的な助言については，**185ページ**を参照すること．

必要な情報	コメント
飼い主	
名前と連絡先	接触が断たれたり，連絡が途絶えたりした場合に備えて，まずこの情報を得ること．折り返し電話する必要があるかもしれない．
動物	
名前	カルテから過去のさまざまな情報を得ることができる．複数の動物が関与している事例，あるいは多頭飼育の場合，あなたが言及している動物が正しいか，よく確認すること．
動物種/品種	一部の毒物は，動物種や，時には品種によって，異なる作用を示す．症例の管理に用いられる薬剤も，特定の動物種や品種にとっては危険になりうる．
年齢	年齢(あるいは若さ)は，代謝やその他の生理的プロセスに影響を及ぼす．

必要な情報	コメント
性別	性別や，去勢・避妊の有無もまた，生理的プロセスに影響を及ぼしうる．妊娠動物や授乳中の動物への暴露は，胎子や授乳中の犬と猫への中毒をもたらすこともある．
体重	可能なら正確に．無理ならばできるだけ正確に見積もる．暴露量を体重1kgあたりで計算することができるようになり，毒性を示す範囲かどうか判断するのに役立つ．また，治療薬や解毒剤の投与量を正確に計算することもできるようになる．
その他の病歴	一部の疾患は，毒物に対する反応に影響を及ぼす．現在の投薬内容も，毒物や治療に用いる薬剤と相互作用する可能性がある．
「毒物」	
名称	商品パッケージに記載されている名前を省略せず正確に記録すること．可能なら成分も記録する．メーカー間で異なる商品名の中には似通ったものがあり，混乱を招くためである．植物の場合，一般名と学名の両方，あるいはどちらか一方でも(分かるならば)確定する．包装や挿入物，あるいは(可能なら)サンプルそのものを保管すること．
メーカー名	一部の症例については，メーカー名を知ることで製品に関する追加情報を得ることができる(電話，インターネット，毒性情報サービスなど)．
有効成分の強度/濃度	調合薬や殺虫剤に関してはきわめて重要である．
その他の構成成分の詳細	製剤について追加の情報はあるか(例：溶剤，添加物など)．薬剤の場合，製剤は標準か，あるいは放出調整製剤か．
展示包装・パッケージの詳細	例：ボトルの大きさ，パッケージの重さ，錠剤，カプセル，バイアル，アンプル，単位

必要な情報	コメント
暴露時の状態	濃縮されていたり，希釈されていたか．他の製品と混合されていたか．植物や真菌の場合，どの部位か．
事故	
概略	事故に関する詳細な聞き込みにより，鑑別疾患リストから中毒を除外することができる．もしも明らかな暴露が目撃されていなかった場合は，飼い主に家庭や庭にある薬剤や製品について尋ねること．動物は外飼いか．薬剤の投与やその他の治療を受けているか．家庭や庭にある植物が食べられた形跡はあるか．ゴミ箱やガレージ，倉庫が荒らされていないか．飼い主の住居が農地，あるいはその近くではないか．家庭内の別の動物の具合が悪くはないか，何らかの暴露を受けていないか．
どこで	事故がどこで起こったのか知ることで，診断を確定する助けになる．
いつ，期間は	暴露からどれくらい時間が経過しているのかということは，その後の治療オプションや，暴露の可能性，暴露の深刻さなどに影響する．
どのように，なぜ	偶然なのか．疑惑や悪意はあるか．治療過誤か．副作用か．
暴露の経路	皮膚の暴露の場合，動物が自分自身をグルーミングし，さらに毒物を摂取してしまっていないか．
量は	最大量，あるいは最小量の見積もりを行うことは有用であろう．どれくらいの毒物が消費されたのか，あるいはこぼれたのか．もしあるなら，どの程度残っているか．
症例	
症状	どのような効果や臨床症状が，既に起こっているのか．重症度は．暴露からどれくらいの時間で効果や臨床症状が現れたのか．今も続いているのか．もう止まっているなら，どの程度の時間続いたのか．

必要な情報	コメント
治療，検査	飼い主，あなた，あるいは他の人がこれまでにどのような処置を行ったのか．サンプルは採取されているのか．嘔吐している場合，吐物には何か含まれているか(例：錠剤，植物素材)．

もし飼い主と初めてコミュニケーションを取ったのが電話で，後に飼い主や動物と対面したのであれば，最初に聞いた詳細を再度確認しておくことは重要である．病歴は変わるものである！

記録は必ず保管すること！　まれで，思いもよらない毒物の致命的な側面を記録することは，今後の参考になる．動物用医薬品や製品に関わる中毒や副作用が生じた場合は，必要な諸機関(例：UK Veterinary Medicines Directorate Suspected Adverse Reaction Surveillance Scheme, www.vmd.defra.gov.uk)および製造業者に報告する．反応や事例が既に知られている，またはありふれていると感じたとしても，報告はすべきである．というのも，このような報告により，認可書，分類，包装やパッケージの注意書き，さらには製造工程が再評価され，詳しく調査されることに繋がるためである．

VPISなどの毒物に関する情報サービスは，通常相談を受けた症例のフォローアップを行っている(特に，まれな，あるいは新奇の毒物が関与している場合や，症例を管理する新たな手法が用いられた場合)．

除染

すべての緊急症例は，まず常法に従い全身状態を評価すべきであろう．すなわち，主要な身体機能(心血管系，呼吸器系，神経系)を評価し，もし異常があれば経験的な補助療法を行わなければならない．除染処置はできるだけ早い段階で実施すべきである．除染において考慮すべき重要なポイントを以下に挙げる．

皮膚の除染

- 動物に速やかな皮膚の除染を受けさせられない場合は，エリザベスカラーを装着して，グルーミングと口からの摂取を防ぐ．
- 動物をその他の動物や子供から隔離し，グルーミングや汚染の拡大を防ぐ．
- 注意深く被毛を刈り込むかどうか検討する．特に長毛の動物では考慮すべきである．
- 温かい水と中性洗剤(例：ベビー用シャンプー)がほとんどの皮膚の汚染には有効である．
- 油性の汚染に対しては，より強い洗剤(例えばSwarfega®)が必要になるかもしれない．このような洗剤は，徹底的に洗い流す必要がある．
- 動物が低体温にならないように気をつける．特に体が小さい動物では注意する．
- アルコールや揮発油のような溶媒を用いないこと．汚染物をさらに拡散させ，皮膚を刺激することがある．
- 決して，酸をアルカリや塩基で中和しないこと．逆もまた同じである．
- 獣医療スタッフも，プラスチックエプロン，手袋，ゴーグルなどを必要に応じて着用し，適切に防護する．

消化管の除染

急性の毒物摂取症例では，全例で消化管の除染を検討すべきである．消化管の除染とは，一般に胃内容排出と吸収剤の投与を指す．胃内容排出は，嘔吐の誘発または胃洗浄のいずれかの方法で行われる．状況によっては胃内容排出が必要ない，あるいは推奨されないことがある．

胃内容排出に関する禁忌を以下に記す．

- 摂取した物質が苛性，腐食性，石油系，揮発性の場合
- 診察の2～3時間以上前に摂取した物質の場合(一部の物質は2～3時間を過ぎても回収できることがあるので，専門家に助言を求めること)

嘔吐の誘発

毒物を経口摂取したことが疑われる動物では，できるだけ早い段階

で，嘔吐を誘発することが推奨される．

嘔吐の誘発に関する禁忌を以下に記す．

- 摂取した物質が苛性，酸性，揮発性，石油系，洗浄剤の場合
- 動物が重篤な中枢神経抑制状態にある場合
- 動物が呼吸不全の場合
- 発作を引き起こすことが分かっている物質を摂取した場合

一部の催吐剤は作用までに少し時間がかかることに留意する．

催吐剤は馬，げっ歯類，ウサギ，反芻類では使用できない．

嘔吐の誘発にあたってはいくつかの選択肢がある．

- アポモルヒネ：イギリス国内で入手可能な，犬に嘔吐を誘発する効能で認可されている製品である．認可を受けている投与量は0.2mg/kg s.c. である．アポモルヒネは筋肉内，静脈内，あるいは結膜に投与しても有効であり，この場合の投与量は0.04～0.25 mg/kgである．アポモルヒネは中枢作用性の催吐剤であり，犬ではきわめて有効だが，猫では効果にばらつきがあるため推奨されない．
- キシラジン（0.6mg/kg 筋肉内投与〈i.m.〉または1mg/kg s.c.），デクスメデトミジン（3～5mg/kg i.m.）あるいはメデトミジン（5～20 μg/kg i.m.）：猫で使用可能だが，鎮静作用があるのが難点である．猫の胃が満ちていればより効果が高い．
- 炭酸ナトリウム（洗濯ソーダ）結晶：犬および猫で効果がある催吐剤である．用量は経験的に決められるが，通常は中型～大型犬種では大きな結晶，小型犬種や猫では小さな結晶で十分だろう．炭酸ナトリウムは飼い主により投与されることもあるが，弱い苛性を持つので注意すべきである．また，苛性ソーダ（水酸化ナトリウム）と決して混同してはならない！
- その他の方法，例えばトコンシロップ，民間療法（食塩，マスタード），過酸化水素などは，推奨されないばかりか危険性がある．

胃洗浄

- 嘔吐の誘発が安全ではない場合は，胃洗浄を実施すべきである．胃洗浄は催吐と比べて有効性が低く，安全に嘔吐を誘発できる

場合は嘔吐のほうが優れている．

- 動物に軽く麻酔をかけ，カフのついた気管チューブを気管内に挿管する．
- 口径が太い胃チューブを用いて10mL/kgの温かい水道水を徐々に流し込む．
- 動物の胃を触診して優しく揺り動かす．
- 胃チューブと患者の頭部を下に向けることで液体は排出される．
- この手順を，戻ってくる液体が比較的透明になるまで繰り返す(一般に10～20回)．
- この方法は，摂取した物質がチューブを通らないほどに大きい場合は効果がない．

吸収剤の投与

最も広く用いられている吸収剤は活性炭である．活性炭は粉あるいは懸濁液として投与すべきである．なぜなら，活性炭の有効性はそれ自体の表面積によって決まるためである．

活性炭

- 活性炭は催吐あるいは胃洗浄の後に投与すべきである．活性炭は多くの毒性物質に対して吸収剤として働き，消化管からのさらなる吸収を抑える．
- 懸濁液は，錠剤やカプセルよりも効果が高い．
- 推奨投与量は1～4g/kgであり，4～6時間ごとに繰り返し投与する．期間は最初の24～48時間，あるいは炭が便中にみられるまでの間である．
- 活性炭の繰り返し投与は，腸肝循環する物質(例：サリチル酸，バルビツレート，テオブロミン，メチルキサンチン類)では特に重要である．
- 活性炭は消化管排泄時間を遅らせるため，下剤(例：ソルビトール，硫酸マグネシウム)との同時投与も検討すべきだが，脱水している，あるいは消化管イレウスの懸念がある動物では推奨されない．
- 治療薬や解毒剤を経口投与しなければならない場合，活性炭の使用は禁忌である．

眼の除染

眼への暴露は多くないが，重度の臨床症状を引き起こす．特に広範な角膜障害が生じた場合は，症状が重くなる．アルカリによる障害は特に重篤であり，深部に至る角膜潰瘍が生じることがある．

眼への暴露は早急に対処すべきである．

- 応急処置として，獣医師に診せる前に眼を洗い流すよう飼い主にアドバイスする．毒物の眼への暴露は重症化する可能性があり，飼い主はできるだけ早く来院すべきである．
- 汚染を受けた眼を，大量の0.9％食塩水あるいは水を用いて，最低でも10〜15分間洗い流す．
- 鎮静あるいは麻酔を行えば，容易に除染を行うことができるだろう．
- 必要に応じて洗浄を繰り返す．
- 眼の洗浄後，角膜表面をフルオレセインで染色し，潰瘍がないか注意深く観察する．
- アルカリへの暴露や，重度の角膜損傷の場合は，獣医眼科専門医に相談する．
- アルカリへの暴露の場合，眼の表面のpHを，尿検査用試験紙を用いてモニターする．pHが7.5以上の場合，洗浄を繰り返すことが推奨される．
- 中和剤は損傷を悪化させるため絶対に用いてはならない．
- 軽度の角膜損傷は，潤いを与える点眼，局所的な抗生物質の投与，非経口的な鎮痛薬の投与により管理する．

症例提出フォーム

VPISに症例の情報を投稿する際には，次ページのフォームを使ってほしい．VPISに，さらなる詳細について尋ねたい場合は，連絡先/飼い主/患者の情報だけ伝えれば症例を照会することができる．提出されたすべての症例情報はVPISにより厳重に管理される．重篤な症例，興味深い症例，あるいは現在進行系でVPISによる調査が行われている場合，電話で直接VPISに問い合わせた場合などに関しては，その都度郵便でアンケートを送付してフォローアップすることが多いため，次ページのフォームを使う必要はない．

症例提出フォーム

名前(必須)		
E-mailアドレス(必須)		
電話番号		
動物病院に受診した日時		
動物の名前/飼い主の名前/顧客管理番号		
動物種/品種		
年齢	性別	体重
中毒物質-名前/商品名		
暴露経路		
量		

暴露からの経過時間
いつ，どのようにして事故が起こったか
事故が起きた場所
臨床症状（発症時期，期間，重篤度を含む）
行った治療と検査
予後（わかれば）
利用した情報サービス，照会サービス
カルテやその他類似の書類 □ある　□ない
この症例に関してVPISが詳細を問い合わせてもよいか □はい　□いいえ

Veterinary Poisons Information Serviceについて

Veterinary Poisons Information Service(VPIS)は，24時間体制の専門家による緊急電話相談サービスであり，獣医療専門家や動物福祉団体のみが利用できる．中毒やその可能性がある動物たちを最良の方法で管理するために，中毒に関する情報と症例に応じた助言を提供している．

VPISは1992年に公式に設立されて以降，獣医療専門家を助け，何千頭もの中毒あるいはその可能性がある動物たちを救ってきた．

VPISは一般の人や飼い主からの問い合わせは受け付けていないため，近隣の動物病院に電話して指示を仰ぐことを勧める．

チーム

問い合わせに対しては，生命科学を含む多分野に精通した情報科学者が回答する．全ての情報科学者は毒性学の研修を受けており，一部の科学者は長年にわたり毒物に関する情報を提供してきた経験を持つ．臨床の専門知識が必要な問い合わせに関しては，獣医のコンサルタントに意見を求める．

サービス

各問い合わせに対し，VPISはそれぞれの症例に合わせて以下のような提案を行う．

- 起こると予想される臨床症状に関する情報
- 推奨される治療および管理の手順
- 予後

大部分の問い合わせは犬と猫に関するものだが，家畜やエキゾチックアニマルに関する問い合わせにも対応する．問い合わせに回答するにあたっては，非常に幅広い参考資料が用いられる．動物に特化し，VPISの規定を遵守している400以上のインデックス・シート，何千件もの過去の症例をまとめたデータベース，動物専門学術雑誌の記事や毒性学の教科書などが並ぶ広大な図書館などである．

研究と教育

各問い合わせやフォローアップから得た情報は，今後VPISが行う提案・助言を改善し，発展させるために用いられる．症例データは注意喚起用の出版物の作成や，関連する科学雑誌の質を高めるためにも使用される．

VPISのチームは定期的に，英国内の獣医大学や大学院で，学生や卒業生に講義を行っている．また，このチームは多くの獣医療従事者や動物福祉団体とも協力して，いろいろな冊子やウェブサイトの記事を作成することで，動物の飼い主や獣医師に対し，中毒を引き起こす可能性がある物質の認知を促している．

VPISは，獣医療の専門家が毒性学の知識をアップデートし続けられるように，講義形式またはオンライン形式の専門職継続開発訓練(CPD)も実施している．

VPISの購読

VPISには利用時払いと年間購読のオプションがある．

詳細はVPISのウェブサイト(www.vpisglobal.com)にアクセスするかadmin@vpisglobal.comまで．

索 引

この索引には，本書で取り上げた毒性物質の名称と、それらに関連する症状が主に含まれている．

あ

アースナッツ 犬 130
亜鉛 犬 1
秋咲きのクロッカス 犬 12
あく(灰汁) 猫 136
アクリバスチン 犬 43
アサ(*Cannabis sativa*) 犬 2
アザレア 犬 75
アジアティック・リリー 猫 180
アシドーシス
 アスピリン 3
 一酸化炭素 12
 エタノール 16
 エチレングリコール 17，142
 塩化ナトリウム 19
 5-ヒドロキシトリプトファン 48
 三環系抗うつ薬 52
 次亜塩素酸ナトリウム 53
 スルホニルウレア 65
 メトホルミン 122
アスピリン 犬 3
アセクロフェナク 犬 97，猫 166
アセチルサリチル酸 犬 3
アセトアミノフェン 犬 90，猫 163
アセブトロール 犬 109
アセプロマジン 犬 104
アセメタシン 犬 97，猫 166
アテノロール 犬 109
アトルバスタチン 犬 62
アミトラズ 犬 4
アミトリプチリン 犬 51
アムロジピン 犬 23
アモキシシリン 犬 5
アリメマジン 犬 104
アルカリ 猫 136
アルコール 犬 15
アルジカルブ 犬 25，猫 146
アルファカルシドール 犬 99
α-クロラロース 犬 6，猫 138
アルプテロール 犬 50
アルプラゾラム 犬 111，猫 172
アロプリノール 犬 8
アンギオテンシン変換酵素阻害薬 犬 9
イスラジピン 犬 23
イチイ 犬 10
イチイ属(*Taxus* species) 犬 10
一酸化炭素 犬 11
イヌサフラン(*Colchicum autumnale*)
 犬 12
イヌハッカ(*Nepeta cataria*) 猫 139
イバフロキサシン 猫 170
イブプロフェン 犬 97，猫 166
イベルメクチン 犬 14
イミダクロプリド 猫 140
イミダプリル 犬 9
イミプラミン 犬 51
イレウス
 ジクワット 56
 バルビツレート 92
陰イオン界面活性剤 犬 70
インドセンダン油 猫 159
インドメタシン 犬 97，猫 167
ウィード 犬 2
ウッド・リリー 猫 180
ウマグリ(Horse chestnut) 犬 67
エシャロット 犬 85
エスシタロプラム 犬 71
エスモロール 犬 109
エソメプラゾール 犬 108
エタノール 犬 15
エタンジオール 犬 16，猫 141
エチレングリコール 犬 16，猫 141
エッセンシャルオイル(精油) 猫 143
エトドラク 犬 97，猫 166
エトリコキシブ 犬 97，猫 167
エナラプリル 犬 9
エフェドリン 犬 40
塩化ナトリウム 犬 18

塩化ベンザルコニウム(BAC) 猫 144
塩素系漂白剤 犬 53
エンロフロキサシン 猫 170
黄疸
　ネギ属(*Allium species*) 85
　ピモベンダン 101
　藍藻類(ランソウ類) 132
オーク 犬 46
オキサゼパム 犬 111, 猫 173
オキサミル 犬 25, 猫 146
オクスプレノロール 犬 109
オニユリ 猫 180
オメプラゾール 犬 108
オリエンタル・リリー 猫 180
オリヅルラン(*Chlorophytum comosum*)
　猫 145

か

界面活性剤 犬 70
過食
　ベンゾジアゼピン 112, 173
カスリソウ 犬 77
苛性カリ 猫 136
苛性ソーダ 猫 136
ガバペンチン 犬 20
カビの生えた食品 犬 39
カフェイン 犬 21
カプトプリル 犬 9
壁紙の接着剤 犬 22
カルシウム拮抗薬 犬 23
カルシフェロール 犬 99
カルバマゼピン 犬 24
カルバメート系殺虫剤 犬 25, 猫 146
カルバリル 犬 25, 猫 146
カルプロフェン 犬 97, 猫 166
カルベジロール 犬 19
カルボフラン 犬 25, 猫 146
岩塩 犬 18
関節痛
　マカダミアナッツ 118
肝毒性
　亜鉛 1
　イヌサフラン(*Colchicum autumnale*)
　　13
　キシリトール 27
　キノコ 31
　グリホサート剤 35, 148
　グルコサミン 36
　けいれん性カビ毒(マイコトキシン) 39
　ジクワット 56
　鉄 78
　ニームオイル 159
　ニトロスカナート 84
　パラセタモール 90, 164
　非ステロイド性抗炎症薬(NSAID) 168
　ピモベンダン 101
　マカダミアナッツ 118
　藍藻類(ランソウ類) 132
カンナビス 犬 2
肝油 犬 31
キシリトール 犬 27
気道分泌増加
　カルバメート系殺虫剤 26, 147
キナプリル 犬 9
キニーネ 犬 28
キノコ 犬 29
キバナギョウジャニンニク 犬 85
黄花藤(キバナフジ) 犬 32
キャットニップ 猫 139
キャットミント 猫 139
強力接着剤 犬 54
魚油 犬 31
筋強直症候群
　フェノキシ酢酸系除草剤 102
キングサリ(*Laburnum anagyroides*)
　犬 32
クサリヘビ咬傷 犬 33
クマテトラリル 犬 41
グラウンドナッツ 犬 130
グリクラジド 犬 65
クリスマスケーキ(クリスマスプディング)
　犬 105
グリピジド 犬 65
グリブリド 犬 65
グリベンクラミド 犬 65
グリホサート剤 犬 35, 猫 148
グリメピリド 犬 65
グルコサミン 犬 36

グルコン酸第一鉄　犬 78
グレープ　犬 105
クレマスチン　犬 43
クロッカス(秋咲き)　犬 12
クロッカス属(*Crocus* species)　犬 37
クロナゼパム　犬 111，猫 172
クロバザム　犬 111，猫 172
クロミプラミン　犬 51
クロラゼプ酸　犬 111，猫 172，
クロラロース　犬 6，猫 138
クロルジアゼポキシド　犬 111，猫 172
クロルピリホス　犬 128，猫 177
クロルフェナミン　犬 43
クロルフェンビンホス　犬 128，猫 177
クロルプロパミド　犬 65
クロルプロマジン　犬 104
クロロファシノン　犬 41
避妊薬　犬 38
経口避妊薬　犬 38
ケイ酸ナトリウム　猫 136
けいれん性カビ毒(マイコトキシン)
　犬 39
血液凝固障害
　クサリヘビ咬傷　34
　抗凝血性殺鼠剤　42
　キシリトール　27
ケトプロフェン　犬 97，猫 167
ケトロラク　犬 98，猫 167
ケミカルライト　猫 164
幻覚
　イヌハッカ(*Nepeta cataria*)　140
　キノコ　30
　交感神経刺激薬　41
　5-フルオロウラシル　49
　ヒアシントイデス属
　　(*Hyacinthoides species*)　96
　ブプレノルフィン　106
　ペルゴリド　111
　メベベリン　126
　モキシデクチン　127
高塩素性アシドーシス
　次亜塩素酸ナトリウム　53
高カリウム血症
　エチレングリコール　17，142
　ヒアシントイデス属
　　(*Hyacinthoides* species)　96
　β遮断薬　110
高カルシウム血症
　ビタミンD化合物　100
交感神経刺激薬　犬 40
後弓反張
　けいれん性カビ毒(マイコトキシン)　39
　メトロニダゾール　124
抗凝血性殺鼠剤　犬 41
口腔内の潰瘍
　アルカリ　136
　イミダクロプリド　141
　塩化ベンザルコニウム(BAC)　145
　壁紙の接着剤　23
　次亜塩素酸ナトリウム　53
　ジクワット　56
　スパティフィラム属
　　(*Spathiphyllum* species)　153
　石油蒸留物　154
　洗剤　70
　ディフェンバキア属
　　(*Dieffenbachia* species)　77
　バッテリー(電池)　88
高血圧
　アミトラズ　5
　エチレングリコール　17
　塩化ナトリウム　19
　カフェイン　21
　交感神経刺激薬　41
　5-ヒドロキシトリプトファン　48
　チョコレート　75
　ニコチン　82
　レボチロキシン　133
高血糖
　アミトラズ　5
　エチレングリコール　17，142
　カルシウム拮抗薬　24
　スイセン属(*Narcissus* species)　62
行動の変化
　アサ(*Cannabis sativa*)　2
　一酸化炭素　11
　キノコ　30
　5-ヒドロキシトリプトファン　48

鉛　81
高ナトリウム血症
アスピリン　4
塩化ナトリウム　19
次亜塩素酸ナトリウム　53
抗ヒスタミン薬　犬 43
5-フルオロウラシル　犬 49
コーヒー豆　犬 21
ゴールデンチェーン　犬 32
ゴールデンレイン　犬 32
呼吸困難
アミトラズ　5
アルカリ　136
エッセンシャルオイル(精油)　144
グリホサート剤　148
5-フルオロウラシル　49
ジクワット　56
ジクロロフェン　152
石油蒸留物　154
バクロフェン　86
パラセタモール　164
非ステロイド性抗炎症薬(NSAID)　8
ホコリタケ　116
メタアルデヒド　120, 176
レボチロキシン　133
ロペラミド　134
呼吸性アシドーシス
塩化ナトリウム　19
呼吸性アルカローシス
アスピリン　4
呼吸抑制
α-クロラロース　6, 138
イチイ属(*Taxus* species)　10
エタノール　16
ガバペンチン　20
カルバメート系殺虫剤　26, 147
キニーネ　28
コデイン　45
5-フルオロウラシル　49
三環系抗うつ薬　52
ジヒドロコデイン　57
ゾピクロン　74, 156
トラマドール　80, 157
ニコチン　82
バルビツレート　92
ピペラジン　169
ブプレノルフィン　106
β遮断薬　110
ベンゾジアゼピン　112, 173
メタアルデヒド　120, 176
有機リン系殺虫剤　129, 178
骨髄抑制
イヌサフラン(*Colchicum autumnale*)
13
5-フルオロウラシル　49
骨粉　犬 101
コデイン　犬 44
コトネアスター属(*Cotoneaster* species)
犬 45
コナラ属(*Quercus* species)　犬 46
5-ヒドロキシトリプトファン　犬 47
5-フルオロウラシル　犬 49
固有感覚の低下
メトロニダゾール　124
コルディリネ属(*Cordyline* species)
猫 149
コレカルシフェロール　犬 99

さ

サーモンオイル　犬 31
ササウチワ　猫 153
殺虫剤　犬 25, 128, 63,
猫 146, 140, 177, 171
サルタナ　犬 105
サルブタモール　犬 50
三環系抗うつ薬　犬 51
散瞳
アサ(*Cannabis sativa*)　2
イチイ属(*Taxus* species)　10
アミトラズ　5
α-クロラロース　138
イベルメクチン　14
カフェイン　21
キニーネ　28
キノコ　30
グリホサート剤　35, 148
けいれん性カビ毒(マイコトキシン)　39

コルディリネ属(*Cordyline* species) 150
交感神経刺激薬 41
5-ヒドロキシトリプトファン 48
サルブタモール 51
三環系抗うつ薬 52
ジクロロフェン 152
選択的セロトニン再取り込み阻害薬(SSRI)抗うつ薬 72
ゾピクロン 156
ドラセナ属(*Dracaena* species) 150
トラマドール 157
ピペラジン 169
フェノチアジン 104
ベンラファキシン 114
ペルメトリン 172
ミルベマイシン 119
メベベリン 126
モキシデクチン 127
次亜塩素酸ナトリウム 犬 53
ジアゼパム 犬 111，猫 172
シアノアクリル酸系接着剤 犬 54
シアノバクテリア 犬 131
塩 犬 18
ジカンバ 犬 102
シクラメン属(*Cyclamen* species) 猫 150
シクリジン 犬 43
ジクロフェナク 犬 97，猫 166
ジクロルプロップ 犬 102
ジクロルボス 犬 128，猫 177
ジクロロフェン 猫 152
ジクワット 犬 55
ジクワット・ジブロミド 犬 55
四肢麻痺
臭化カリウム 60
シタロプラム 犬 71
失禁
アサ(*Cannabis sativa*) 2
エタノール 16
カルバメート系殺虫剤 26，147
有機リン系殺虫剤 129，178
失明
イベルメクチン 14
キニーネ 28
鉛 81
フルオロキノロン系抗菌薬 171
モキシデクチン 127
ジヒドロコデイン 犬 57
ジフェチアロン 犬 41
ジフェンヒドラミン 犬 43
ジフロキサシン 猫 170
シプロヘプタジン 犬 43
セロトニン症候群での使用，犬 48, 72
四ホウ酸ナトリウム 犬 114
四ホウ酸二ナトリウム 犬 114
脂肪乳剤の使用
イベルメクチン 15
けいれん性カビ毒(マイコトキシン) 40
バクロフェン 87
ペルメトリン 172
ミルベマイシン 120，176
モキシデクチン 127
ロペラミド 135
ジムピレート 犬 128，猫 177
ジメトエート 犬 128，猫 177
ジャガイモ(*Solanum tuberosum*) 犬 58
シャクナゲ 犬 75
斜頸
ニトロスカナート 84
メトロニダゾール 123
ジャックナッツ 犬 130
臭化カリウム 犬 59
シュードエフェドリン 犬 40
縮瞳
α-クロラロース 138
カルバメート系殺虫剤 26，147
キノコ 30
コデイン 45
ジヒドロコデイン 57
バクロフェン 86
メトロニダゾール 123
有機リン系殺虫剤 129，178
ロペラミド 134
出血
クサリヘビ咬傷 34

抗凝血性殺鼠剤　42
消化管潰瘍
アスピリン　4
アルカリ　136
5-フルオロウラシル　49
ジクワット　56
洗剤　70
発泡フォーム　89
非ステロイド性抗炎症薬（NSAID）　98，168
消化管閉塞
コナラ属（*Quercus* species）　47
シアノアクリル酸系接着剤　54
ジャガイモ（*Solanum tuberosum*）　59
セイヨウトチノキ（*Aesculus hippocastanum*）　67
発泡フォーム　89
食塩　犬 18
食卓塩　犬 18
食品添加物E967　犬 27
植物栄養素　犬 101
除草剤　犬 35，55，78，102，猫 148
食器洗浄機用の塩　犬 18
徐脈
アサ（*Cannabis sativa*）　2
アミトラズ　5
イチイ属（*Taxus* species）　10
カルシウム拮抗薬　24
カルバメート系殺虫剤　26，147
キノコ　30
グリホサート剤　35，148
交感神経刺激薬　40
5-フルオロウラシル　49
ジヒドロコデイン　57
スイセン属（*Narcissus* species）　62
ツツジ属（*Rhododendron* species）　76
ニコチン　82
バクロフェン　86
ヒアシントイデス属（*Hyacinthoides* species）　96
ヒキガエル毒（蟾酥）　97，166
フェノキシ酢酸系除草剤　103
フェノチアジン　104
ブプレノルフィン　106
β遮断薬　110
有機リン系殺虫剤　129，178
藍藻類（ランソウ類）　132
ロペラミド　134
シラザプリル　犬 9
シリカゲル　犬 60
ジルチアゼム　犬 23
真菌類　犬 29，115
シンナリジン　犬 43
シンバスタチン　犬 62
腎不全
亜鉛　1
アスピリン　4
アモキシシリン　6
アンギオテンシン変換酵素阻害薬　9
イヌサフラン（*Colchicum autumnale*）　13
エチレングリコール　17，142
エッセンシャルオイル　143
塩化ナトリウム　19
キノコ　31
グリホサート剤　148
交感神経刺激薬　41
コナラ属（*Quercus* species）　47
5-ヒドロキシトリプトファン　48
ジクワット　56
スパティフィラム属（*Spathiphyllum* species）　153
チョコレート　74
鉄　79
ニームオイル　159
パラセタモール　91，164
バルビツレート　92
非ステロイド性抗炎症薬（NSAID）　98，168
ビタミンD化合物　100
ブドウ（*Vitis vinifera*）の実　105
ポプリ　117
ユリ属（*Lilium* species）　181
膵炎
亜鉛　1
ブドウ（*Vitis vinifera*）の実　105
ユリ属（*Lilium* species）　181

水酸化カリウム　猫 136
水酸化カルシウム　猫 136
水酸化ナトリウム　猫 136
スイセン属（*Narcissus* species）　犬 61
スカンク　犬 2
スグリ　犬 105
スターゲイザー　猫 180
スタチン　犬 62
スパイダープラント　猫 145
スパティフィラム属
（*Spathiphyllum* species）　猫 153
スピノサド　犬 63
スピノシン　犬 63
スリンダク　犬 98，猫 167
スルホニルウレア　犬 65
セイヨウイチイ　犬 10
セイヨウキヅタ（*Hedera helix*）　犬 66
セイヨウトチノキ
（*Aesculus hippocastanum*）　犬 67
セイヨウナナカマド（*Sorbus aucuparia*）
犬 68
セイヨウヒイラギ（*Iiex aquifolium*）
犬 69
セイヨウヤドリギ　犬 127
石油蒸留物　猫 154
セチリジン　犬 43
セリプロロール　犬 109
セルトラリン　犬 71
セレコキシブ　犬 97，猫 166
洗剤　犬 70，猫 162
選択的セロトニン再取り込み阻害薬
（SSRI）抗うつ薬　犬 71
センナ　犬 72
藻類（ランソウ類）　犬 131
測定過大
メトロニダゾール　123
ソタロール　犬 109
ゾピクロン　犬 73，猫 155

た

ダイアジノン　犬 128，猫 177
代謝性アシドーシス
アスピリン　4
エタノール　16
エチレングリコール　17，142
塩化ナトリウム　19
5-ヒドロキシトリプトファン　48
三環系抗うつ薬　52
スルホニルウレア　65
多幸感
イヌハッカ（*Nepeta cataria*）　140
多動
α-クロラロース　7
カフェイン　21
キノコ　30
けいれん性カビ毒（マイコトキシン）　39
交感神経刺激薬　41
抗ヒスタミン薬　44
スピノサド　64
選択的セロトニン再取り込み阻害薬
（SSRI）抗うつ薬　71
ゾピクロン　74，156
ニテンピラム　83，160
バルプロ酸ナトリウム　93
光るノベルティグッズ　165
非ステロイド性抗炎症薬（NSAID）　98
ペルメトリン　172
ベンゾジアゼピン　112，173
メチルフェニデート　121
レボチロキシン　133
ダノフロキサシン　猫 170
ダポキセチン　犬 71
タマネギ　犬 85
チアノーゼ
一酸化炭素　11
カフェイン　21
カルバメート系殺虫剤　26，147
キニーネ　28
グリホサート剤　148
チョコレート　75
トラマドール　80，157
メタアルデヒド　120，176
バクロフェン　86
チアプロフェン酸　犬 98，猫 167
チオジカルブ　犬 25，猫 146
チオリダジン　犬 104
チモロール　犬 109
チャイブ　犬 85

チョウジ油　猫 143
チョコレート　犬 74
ツタ　犬 66
ツツジ属(*Rhododendron* species)
　犬 75
ツリガネスイセン　犬 95
デイ・リリー　猫 180
ティーツリーオイル　猫 143
低カリウム血症
　アスピリン　4
　キニーネ　28
　サルブタモール　51
　三環系抗うつ薬　52
　スルホニルウレア　65
低カルシウム血症
　エチレングリコール　17, 142
低血圧
　アサ(*Cannabis sativa*)　2
　アミトラズ　5
　アンギオテンシン変換酵素阻害薬　9
　イチイ属(*Taxus* species)　10
　一酸化炭素　12
　エチレングリコール　17
　ガバペンチン　20
　カルシウム拮抗薬　24
　キニーネ　28
　交感神経刺激薬　40
　抗ヒスタミン薬　43
　三環系抗うつ薬　52
　スイセン属(*Narcissus* species)　62
　スルホニルウレア　65
　ツツジ属(*Rhododendron* species)　76
　ニコチン　82
　バルビツレート　92
　ピモベンダン　101
　フェノチアジン　104
　β遮断薬　110
　ペルゴリド　111
　ベンゾジアゼピン　112, 173
　メトホルミン　122
　藍藻類(ランソウ類)　132
低血糖
　エタノール　16
　キシリトール　27
　けいれん性カビ毒(マイコトキシン)　39
　スルホニルウレア　65
　β遮断薬　110
低体温
　アサ(*Cannabis sativa*)　2
　アミトラズ　5
　α-クロラロース　6
　イベルメクチン　14
　エタノール　16
　グリホサート剤　148
　コデイン　45
　次亜塩素酸ナトリウム　53
　ジヒドロコデイン　57
　ジャガイモ(*Solanum tuberosum*)　59
　スイセン属(*Narcissus* species)　62
　トラマドール　157
　バクロフェン　86
　パラセタモール　91, 164
　バルビツレート　92
　ベンゾジアゼピン　112, 173
　ブプレノルフィン　106
　メトホルミン　122
　メトロニダゾール　124
　ロペラミド　134
ディファシノン　犬 41
ディフェナコウム　犬 41
ディフェンバキア属
　(*Dieffenbachia* species)　犬 77
デクスイブプロフェン　犬 97, 猫 166
デクスケトプロフェン　犬 97, 猫 166
デスロラタジン　犬 43
鉄　犬 78
テッポウユリ　猫 180
デフェロキサミンの使用(鉄中毒)　犬 79
テマゼパム　犬 111, 猫 173
デメトン-S-メチル　犬 128, 猫 177
瞳孔散大
　アサ(*Cannabis sativa*)　2
　アミトラズ　5
　α-クロラロース　138
　イチイ属(*Taxus* species)　10
　イベルメクチン　14
　カフェイン　21
　キニーネ　28

キノコ　30
グリホサート剤　35，148
けいれん性カビ毒(マイコトキシン)　39
交感神経刺激薬　40
5-ヒドロキシトリプトファン　48
コルディリネ属(*Cordyline* species)　150
サルブタモール　51
三環系抗うつ薬　52
ジクロロフェン　152
選択的セロトニン再取り込み阻害薬(SSRI)抗うつ薬　72
ゾピクロン　156
ドラセナ属(*Dracaena* species)　150
トラマドール　157
ピペラジン　169
フェノチアジン　104
ベンラファキシン　114
ペルメトリン　172
ミルベマイシン　119
メベベリン　126
モキシデクチン　127
瞳孔の収縮
α-クロラロース　138
カルバメート系殺虫剤　26，147
キノコ　30
コデイン　45
ジヒドロコデイン　57
バクロフェン　86
メトロニダゾール　123
ロペラミド　134
有機リン系殺虫剤　129，178
ドキセピン　犬 51
毒キノコ　犬 29
ドスレピン　犬 51
ドチエピン　犬 51
トチの実　犬 67
ドラゴンツリー　猫 149
ドラセナ属(*Dracaena* species)　猫 149
トラマドール　犬 79，猫 156
トリフロペラジン　犬 104
トリミプラミン　犬 51
トリメプラジン　犬 104
塗料(ペンキ)　猫 157
トルフェナム酸　犬 98，猫 167
トルブタミド　犬 65
どんぐり　犬 46

な

ナッタージャックヒキガエル毒　犬 96，猫 165
ナドロール　犬 109
ナブメトン　犬 98，猫 167
ナプロキセン　犬 98，猫 167
鉛　犬 80
ナロキソンの使用
コデイン　45
ジヒドロコデイン　57
トラマドール　80，157
ブプレノルフィン　107
ロペラミド　135
難聴
キニーネ　28
ニームエキス　猫 159
ニームオイル　猫 159
ニカルジピン　犬 23
ニコチン　犬 82
ニソルジピン　犬 23
ニテンピラム　犬 83，猫 160
ニトラゼパム　犬 111，猫 173
ニトロスカネート　犬 84，猫 161
ニフェジピン　犬 23
ニモジピン　犬 23
乳酸アシドーシス
一酸化炭素　12
尿閉
三環系抗うつ薬　52
ニンニク　犬 85
布類の洗剤　猫 162
ネイルの接着剤　犬 54
ネギ　犬 85
ネギ属(*Allium* species)　犬 85
熱傷
アルカリ　136
エッセンシャルオイル(精油)　143
シアノアクリル酸系接着剤　54
ジクワット　56
石油蒸留物　154
洗剤　70，162

バッテリー(電池)　88
ネビボロール　犬 109
野ニラ　犬 85
ノルシュードエフェドリン　犬 41
ノルトリプチリン　犬 51

は

パイン精油　猫 143
ハインツ小体性貧血
ネギ属(*Allium* species)　85
バクロフェン　犬 86
播種性血管内凝固(DIC)交感神経刺激薬　40
ハッシュ　犬 2
バッテリー(電池)　犬 87
発熱
アサ(*Cannabis sativa*)　2
アスピリン　4
α-クロラロース　7, 138
イヌサフラン(*Colchicum autumnale*)　13
イベルメクチン　14
塩化ベンザルコニウム　145
カフェイン　21
壁紙の接着剤　23
カルバメート系殺虫剤　26, 147
キノコ　30
有機リン系殺虫剤　91, 164
グリホサート剤　35, 148
けいれん性カビ毒(マイコトキシン)　39
交感神経刺激薬　41
抗ヒスタミン薬　43
5-ヒドロキシトリプトファン　48
コルディリネ属(*Cordyline* species)　150
次亜塩素酸ナトリウム　53
ジクロロフェン　152
スイセン属(*Narcissus* species)　62
洗剤　70
ゾピクロン　73, 156
チョコレート　75
ドラセナ属(*Dracaena* species)　150
トラマドール　157
ニームオイル　159
ニトロスカナート　84
ヒキガエル毒(蟾酥)　97, 166
ペルメトリン　172
ベンゾジアゼピン　112, 173
ベンラファキシン　114
ホウ砂　115
ホコリタケ　116
マカダミアナッツ　118
メタアルデヒド　120, 176
メチルフェニデート　121
モキシデクチン　127
有機リン系殺虫剤　129
レボチロキシン　133
発泡フォーム　犬 88
パラセタモール　犬 90, 猫 163
ハリバット肝油　犬 31
春のクロッカス　犬 37
バルビツレート　犬 91
バルプロ酸ナトリウム　犬 93
パレコキシブ　犬 98, 猫 167
パロキセチン　犬 71
パントプラゾール　犬 108
ヒアシンス(*Hyacinthus orientalis*)　犬 94
ヒアシントイデス属
(*Hyacinthoides* species)　犬 95
非イオン界面活性剤　犬 70
ピース・リリー　猫 153
ピーナッツ　犬 130
ヒイラギ　犬 69
光るノベルティグッズ　猫 164
ヒキガエル毒(蟾酥)　犬 96, 猫 165
非ステロイド性抗炎症薬(NSAID)　犬 97, 124, 猫 166
ピゾチフェン　犬 43
ビソプロロール　犬 109
ビタミンD化合物　犬 99
ヒドロキシジン　犬 43
皮膚の炎症
塩化ベンザルコニウム(BAC)　145
グリホサート剤　48, 150
セイヨウキヅタ(*Hedera helix*)　66
石油蒸留物　154
洗剤　70

塗料(ペンキ) 158
ニームオイル 159
布類の洗濯用製品 162
ペルメトリン 172
ピペラジン 猫 168
ピモベンダン 犬 100
ヒヤシンス 犬 94
漂白剤(塩素系) 犬 53
ピリミフォス-メチル 犬 128, 猫 177
肥料 犬 101
ピル 犬 38
ピロキシカム 猫 98, 167
貧血
亜鉛 1
鉛 81
ネギ属(*Allium* species) 85
バルビツレート 92
ピンドロール 犬 109
頻脈
アサ(*Cannabis sativa*) 2
アンギオテンシン変換酵素阻害薬 9
一酸化炭素 11
エチレングリコール 17, 142
塩化ナトリウム 19
ガバペンチン 20
カフェイン 21
カルシウム拮抗薬 24
キニーネ 28
キシリトール 27
キノコ 30
クサリヘビ咬傷 34
グリホサート剤 35
けいれん性カビ毒(マイコトキシン) 39
交感神経刺激薬 41
抗ヒスタミン薬 43
5-ヒドロキシトリプトファン 48
5-フルオロウラシル 49
サルブタモール 51
三環系抗うつ薬 52
ジクロロフェン 152
スルホニルウレア 65
選択的セロトニン再取り込み阻害薬 72
ゾピクロン 74, 156
チョコレート 75
トラマドール 157
ニームオイル 159
ニコチン 82
ニテンピラム 160
バクロフェン 86
パラセタモール 91, 164
ヒアシントイデス属
(*Hyacinthoides* species) 96
ヒキガエル毒(蟾酥) 97, 166
非ステロイド性抗炎症薬(NSAID) 98
ピモベンダン 101
フェノキシ酢酸系除草剤 103
ペルメトリン 172
ベンラファキシン 114
メタアルデヒド 120, 176
メチルフェニデート 121
メフェナム酸 125
メベベリン 126
レボチロキシン 133
フィルグラスチムの使用
5-フルオロウラシル 50
フェキソフェナジン 犬 43
フェニトロチオン 犬 128, 猫 177
フェニルプロパノールアミン 犬 41
フェニレフリン 犬 41
フェノキシカルブ 犬 25, 猫 146
フェノキシ酢酸系除草剤 犬 102
フェノチアジン 犬 104
フェノバルビタール 犬 91
フェロジピン 犬 23
フェンチオン 犬 128, 猫 177
フェンブフェン 犬 97, 猫 167
フォーム(発泡) 犬 88
フォシノプリル 犬 9
浮腫(顔面, 肉球)
パラセタモール 91, 164
不整脈
イチイ属(*Taxus* species) 10
一酸化炭素 12
エチレングリコール 17
カフェイン 21
キニーネ 28
5-フルオロウラシル 49
三環系抗うつ薬 52

チョコレート　75
ニコチン　82
ヒキガエル毒(蟾酥)　97, 166
ピモベンダン　101
β遮断薬　110
ブドウ(*Vitis vinifera*)の実　犬 105
不凍液　犬 16, 猫 141
ブプレノルフィン　犬 106
フマル酸第一鉄　犬 78
プラジクアンテル　犬 107, 猫 169
プラバスタチン　犬 62
プラリドキシムの使用
有機リン系殺虫剤　129, 178
プリミドン　犬 91
フルーツケーキ　犬 105
ブルーベル　犬 95
フルオキセチン　犬 71
フルオロキノロン系抗菌薬　猫 170
フルニトラゼパム　犬 111, 猫 172
フルバスタチン　犬 62
フルフェナジン　犬 104
フルボキサミン　犬 71
フルマゼニルの使用
ゾピクロン　74, 156
ベンゾジアゼピン　112, 173
フルラゼパム　犬 111, 猫 172
フルルビプロフェン　犬 97, 猫 167
フロクマフェン　犬 41
プロクロルペラジン　犬 104
ブロジファクム　犬 41
プロトンポンプ阻害薬　犬 108
プロプラノロール　犬 109
ブロマジオロン　犬 41
ブロマゼパム　犬 111, 猫 172
プロメタジン　犬 104
粉末・ゲル・液体洗剤　猫 162
β遮断薬　犬 109
ヘデラ　犬 66
ベナゼプリル　犬 9
ペニトレムA　犬 39
ペパーミントオイル　猫 143
ヘプテノフォス　犬 128, 猫 177
ベラパミル　犬 23
ペリシアジン　犬 104
ペリンドプリル　犬 9
ペルゴリド　犬 110
ペルフェナジン　犬 104
ペルメトリン　猫 171
ベンゾジアゼピン　犬 111, 猫 172
ベンダイオカルブ　犬 25, 猫 146
ペントバルビタール　犬 91
ベンドロフルアジド　犬 112
ベンドロフルメサイアザイド　犬 112
ベンラファキシン　犬 113
ポインセチア　猫 174
ポインセチア(*Euphobia pulcherrima*)
猫 174
ホウ砂　犬 114
ホウ酸ナトリウム　犬 114
歩行困難
クサリヘビ　34
マカダミアナッツ　118
ホコリタケ　犬 115
発作
亜鉛　1
アサ(*Cannabis sativa*)　2
アスピリン　4
α-クロラロース　7, 138
イチイ属(*Taxus* species)　10
一酸化炭素　12
イベルメクチン　14
エチレングリコール　142
エッセンシャルオイル(精油)　143
塩化ナトリウム　18
ガバペンチン　20
カフェイン　21
カルシウム拮抗薬　24
カルバマゼピン　25
カルバメート系殺虫剤　26, 147
キシリトール　27
キニーネ　28
キノコ　30
キングサリ(*Laburnum anagyroides*)　33
グリホサート剤　35, 148
けいれん性カビ毒(マイコトキシン)　39
交感神経刺激薬　41
抗ヒスタミン薬　43
5-ヒドロキシトリプトファン　48

ユーカリオイル　猫 143
有機リン系殺虫剤　犬 128，猫 177
ユッカ属(*Yucca* species)　猫 179
ユリ　猫 153，180
ユリ属(*Lilium* species)　猫 180
陽イオン界面活性剤　犬 70
溶血性貧血
　亜鉛　1
　ネギ属(*Allium* species)　85
ヨーロッパイチイ　犬 10
ヨーロッパクサリヘビ　犬 33
ヨーロッパヒキガエルの毒
　犬 96，猫 165

ラシジピン　犬 23
落花生(*Arachis hypogaea*)　犬 130
ラッキー・バンブー　猫 149
ラッパズイセン　犬 61
ラベタロール　犬 109
ラベプラゾール　犬 108
ラミプリル　犬 9
ラムソン　犬 85
藍藻類(ランソウ類)　犬 131
ランソプラゾール　犬 108
リーキ　犬 85
リシノプリル　犬 9
リボンプランツ　猫 145
硫酸第一鉄　犬 78
両性界面活性剤　犬 70
リン酸第二鉄　犬 78
レーズン　犬 105
レダクターゼ阻害薬　犬 62
レボセチリジン　犬 43
レボチロキシン　犬 133
レボメプロマジン　犬 104
レルカニジピン　犬 23
ローワン　犬 68
ロケホルチン　犬 39
ロスバスタチン　犬 62
ロフェプラミン　犬 51
ロプラゾラム　犬 111，猫 172
ロベナコキシブ　犬 98，猫 167
ロペラミド　犬 134
ロラゼパム　犬 111，猫 172
ロラタジン　犬 43
ロルメタゼパム　犬 111，猫 172

ワイルドガーリック　犬 85
ワスレナグサ属(*Hemerocallis* species)
　猫 180
ワルファリン　犬 41

欧

2, 4-D　犬 102
3-ヒドロキシ-3-メチルグルタリル-コエンザイムAレダクターゼ阻害薬　犬 62
ACE阻害薬　犬 9
Bean tree　犬 32
*Bufo*属(ヒキガエル属)　犬 96，猫 165
catrup　猫 139
Co-codamol　犬 44
Co-codaprin　犬 44
Co-dydramol　犬 57
Crow garlic　犬 85
Dumb cane　犬 77
E967　犬 27
HMG-CoA　犬 62
Japanese showy lily　猫 180
L-チロキシン　犬 133
Leopard lily　犬 77
MCPA　犬 102
NPK肥料　犬 101
SSRI　犬 71
T_4　犬 133
TCA　犬 51
Vipera berus　犬 33
White sails　猫 153

久和　茂 Shigeru Kyuwa
1985年　東京大学大学院農学系研究科獣医学専門課程博士課程修了．獣医師．東京大学医科学研究所，南カリフォルニア大学留学，熊本大学動物資源開発研究センターを経て，現在は東京大学大学院農学生命科学研究科獣医学専攻教授．実験動物学，毒性学などを担当

森川　玲 Rei Morikawa
2014年3月東京大学農学部獣医学課程獣医学専修卒業．獣医師

犬と猫の 毒物ガイド

2018年4月20日　第1刷発刊
定価（本体8,000円＋税）

編　者　British Small Animal Veterinary Association,
Veterinary Poisons Information Service

監訳者　久和　茂

発行者　山口啓子

発行所　株式会社 学窓社
〒113-0024　東京都文京区西片2-16-28
TEL　03（3818）8701
FAX　03（3818）8704
e-mail：info@gakusosha.co.jp
http://www.gakusosha.com

印刷所　株式会社シナノパブリッシングプレス

ISBN 978-4-87362-759-5